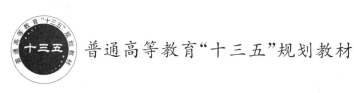

普通高等教育"十三五"规划教材

高等数学实验

主　编　周保平　晁增福

副主编　王　伟　张吉林　江　伟

北京邮电大学出版社

·北京·

内 容 简 介

本教材是为了适应高等数学教学改革和配合国内普通高等院校开设"高等数学实验"的需要而编写的.实验一介绍了 Mathematica 软件的基本用法;实验二至实验十与同济大学《高等数学》(第六版)教材相配套,每个实验介绍了相应章节的基本概念和基本理论;附录部分分类提供了 Mathematica 软件常用的语句及实验报告模板.各实验之间内容相对独立,可根据教学时数选修全部或部分实验.

本教材可以作为高等院校相关专业高等数学课程的实验教材,也可以作为数学建模培训的辅导教材.

图书在版编目(CIP)数据

高等数学实验/周保平,晁增福主编. ── 北京:北京邮电大学出版社,2016.6
ISBN 978-7-5635-4746-3

Ⅰ.①高… Ⅱ.①周… ②晁… Ⅲ.①高等数学—应用软件—高等学校—教材 Ⅳ.①O245

中国版本图书馆 CIP 数据核字(2016)第 081605 号

书　　名	高等数学实验	
主　　编	周保平　晁增福	
责任编辑	沙一飞	
出版发行	北京邮电大学出版社	
社　　址	北京市海淀区西土城路 10 号(100876)	
电话传真	010-82333010　62282185(发行部)　010-82333009　62283578(传真)	
网　　址	www.buptpress3.com	
电子信箱	ctrd@buptpress.com	
经　　销	各地新华书店	
印　　刷	北京泽宇印刷有限公司	
开　　本	787 mm×960 mm　1/16	
印　　张	8.5	
字　　数	155 千字	
版　　次	2016 年 6 月第 1 版　2016 年 6 月第 1 次印刷	

ISBN 978-7-5635-4746-3　　　　　　　　　　　　　定价:19.50 元

如有质量问题请与发行部联系

版权所有　侵权必究

前　　言

随着计算机的不断普及和计算机技术的不断发展,计算机应用已经渗透到社会生活的各个领域,拓宽了人类认识自然和改造世界的能力.计算机不仅开拓了数学的应用领域,也使数学与其他学科的结合更加密切.传统的高等数学教学必须和计算机相结合才能与飞速发展的科学技术相适应.目前,学生对数学的掌握程度不在于他能够解决什么样的数学习题,而在于他对所学课程的思想、概念的理解程度,还在于能不能将一个实际问题归纳或抽象成数学问题、能不能找到解决这一问题的途径,并能驾驭计算工具最终解决问题.近些年盛行的数学建模,正是顺应时代要求的产物.

数学软件是现在科研工作者的必备工具之一.利用数学软件解决各种数学问题,不仅可以减轻数学工作者、教师和工程技术人员的劳动强度,还可以提高数学研究、教学工作的效率和质量,更有利于理论研究者在开创性的问题上集中精力,使得数学理论和方法得到进一步完善、更新和发展.

"高等数学"(又称"数学分析"或"微积分")课程是国内各类高等院校多种专业(包括许多文科专业)开设的一门必修课,其内容是广大科技工作者和工程技术人员必须掌握的数学知识.目前,国内流行的介绍数学软件的书籍,大多是围绕"软件的使用和操作"这一主题编写的,未能深入、详尽地介绍软件在各个数学分支中的应用,而针对"高等数学"课程开设数学实验的指导用书更是少见.

基于以上的认识,我们认为有必要编写一本《高等数学实验》指导教材.这本教材与目前我校使用的同济大学数学系编写的《高等数学》教材相配套,数学软件则采用了目前在工业和教育领域被广泛使用的 Mathematica.

本书由周保平、晁增福担任主编,由王伟、张吉林、江伟担任副主编.全书共包含 10 个实验,其中实验一——Mathematica 入门由王伟编写,实验二——一元函数的图形与极限由刘婵编写,实验三——一元函数微分学由王伟编写,实验四——一元函数积分学由周保平、刘博瑞编写,实验五——微分方程由江伟编写，实验六——空间曲线与曲面的描绘由张艳波编写，实验七——多元函数微分法及应用由吐尔洪江编写，实验八——重积分由张吉林编写，实验九——曲线积分与曲面积分由晁增福编写，实验十——级数由江伟、周保平编写，附录提供了高等数学实验模板，便于学生提交实验报告．全书由周保平审阅全稿，晁增福对全书进行了排版和校对．

本书的编写得到了信息工程学院"公共基础教学综合改革"项目大力支持，在此表示衷心感谢．

限于作者水平，书中不当和错漏之处在所难免，恳请读者批评指正．

编　者

2016 年 5 月

目 录

实验一　Mathematica 入门 …………………………………………… 1

实验二　一元函数的图形与极限 ……………………………………… 19

实验三　一元函数微分学 ……………………………………………… 39

实验四　一元函数积分学 ……………………………………………… 51

实验五　微分方程 ……………………………………………………… 58

实验六　空间曲线与曲面的描绘 ……………………………………… 71

实验七　多元函数微分法及应用 ……………………………………… 84

实验八　重积分 ………………………………………………………… 96

实验九　曲线积分与曲面积分 ………………………………………… 106

实验十　级数 …………………………………………………………… 114

附录一　Mathematica 常用语句分类 ………………………………… 123

附录二　高等数学实验报告 …………………………………………… 130

实验一　Mathematica 入门

【实验类型】

验证性.

【实验目的】

(1)掌握 Mathematica 的基本操作.
(2)掌握 Mathematica 的基本命令.
(3)了解 Mathematica 的基本编程语句.

【实验内容】

(1)Mathematica 的基本操作.
(2)Mathematica 的基本命令.
(3)Mathematica 编程入门.

【实验指导】

一、了解 Mathematica

Mathematica 是集文本编辑、数学计算、逻辑分析、图形、声音、动画于一体的高度优化的专家系统,是目前比较流行的符号运算软件之一. Mathematica 最显著的特点是它的符号及高精度的运算功能. 在 Mathematica

中,可以进行各种数值和符号运算;可以完成微积分、线性代数等数学各个分支中公式的推演;可以利用数值法求解线性方程、优化等问题.在大学教育和科学研究中,Mathematica 都是不可缺少的工具.

Mathematica 的原始系统是由美国物理学家史蒂芬·沃尔夫勒姆(Stephen Wolfram)领导的一个小组开发的,用来进行量子力学研究.软件开发的成功促使史蒂芬·沃尔夫勒姆于 1987 年组建沃尔夫勒姆研究公司(Wolfram Research,Inc.),并推出该公司的商品软件 Mathematica 1.0 版.此后,沃尔夫勒姆研究公司通过对 Mathematica 进行不断改进和扩充,陆续推出了 Mathematica 1.2 版、Mathematica 2.0 版和 1996 年的 Mathematica 3.0 版等.

Mathematica 的基本系统是使用 C 语言编写的,因此能方便地移植到各种计算机系统上.尽管 Mathematica 有各种各样的版本,但它们有一个共同的内核,Mathematica 的各种运算都是由内核来完成的.给内核配置不同的前端处理器,就会成为适用于各种环境的版本.它的 DOS 版本的特点是运算速度快、对系统的配置要求较低;它的 MS-Windows 版本利用了 Windows 环境,其使用方式和用户界面都有了重大改进,特点是图文并茂、操作方便.这里所介绍的就是 Windows 环境下的 Mathematica 4.0 版本.

二、Mathematica 的基本操作

下面看一下如何利用 Mathematica 进行工作.

(一)进入 Mathematica

在 Windows 环境下安装好 Mathematica,用鼠标双击 Mathematica 的图标即可进入 Mathematica.它首先显示版本信息,如果是新用户,它将要求登录账号和输入密码,过一会就会出现一个空白的工作窗口,称为工作区,Mathematica 将第一个工作区命名为"Untitled-1".用户可以同时打开多个工作区,Mathematica 将它们分别命名为"Untitled-2","Untitled-3",…,还可以对每一个工作区使用不同的名字保存.以后的工作都是在工作区中进行的.

(二)在 Mathematica 中运算

1. 逐条运算

在工作区中输入想要运算的表达式和指令,按"Shift+Enter"组合键,命

令 Mathematica 进行计算,如输入：

　　2+2

然后按"Shift+Enter"组合键,立刻会出现：

　　In[1]:=2+2
　　Out[1]=4

Mathematica 将输入的指令用标题"In[n]:="标识,输入结果用"Out[n]="标识,其中数字"n"表示已经输入的指令数.

2. 运算整个工作区

为了方便用户,Mathematica 建立了文件管理系统.用户可以将自己需要的所有运算或程序写入一个工作区,然后在 Mathematica 的主菜单中单击"Kernel",再选"Evaluation-Evaluate Notebook"一栏,则整个工作区中的命令就会依次运算出来.

当用户完成一些运算后不得不中断,但又希望再次开始工作而继续以前的运算时,可以按照如下步骤进行：

(1)在 Windows 版本下退出 Mathematica 时,系统会询问是否保存计算结果,回答"Yes",然后系统要求用户指定文件名,用户可任意给定一个合法的文件名,如"abc.nb",单击"OK"后,系统就会将该文件保存在 Mathematica 的子目录下.

(2)再次进入 Mathematica 的 Windows 版本后,先打开该文件,再选"Kernel-Evaluation-Evaluate Notebook"一栏,单击就可以继续上次的计算.

(三)退出 Mathematica

当用户结束 Mathematica 的工作时,可以选择"File"菜单中的"Exit"选项或单击"关闭"按钮. Mathematica 会询问是否保存对打开工作区内容的修改,选择"Yes"保存文件；选择"No"放弃保存；选择"Cancel"取消这次退出操作,并返回 Mathematica.

三、Mathematica 语言入门

(一)算术运算

Mathematica 是多功能的计算工具,它最基本的功能是进行算术四则运算.

1. 基本运算符号

加号:+　　减号:-　　乘号:*　　除号:/　　指数:^

注意:关于乘号(*),Mathematica 常用空格来代替.例如,x y z 表示 x*y*z;而 xyz 表示字符串,Mathematica 将它理解为一个变量名.常数与字符之间的乘号或空格可以省略.

2. 算术运算的输入方式

expr:直接输入表达式.当输入的式子中的所有数字都不含小数点时,输出结果是完全精确的(不管含有多少位,也可能是不可约分式).

N[expr]:要求计算表达式的近似数值结果.

N[expr,n]:要求计算表达式的数值,并给出 n 位十进制.

注意:表达式里的括号只允许是圆括号(无论多少层).

例 1　　In[1]:=2*(3+4)-2^(2+1)
　　　　　　Out[1]=6

这里"In[1]:="后面输入的是一个算术表达式,"Out[1]="后面是计算结果.

3. 简单的调用方式

在后面的计算中可能要用到前面已经计算过的结果,这时 Mathematica 会提供一种简单的调用方式,如表 1-1 所示.

表 1-1

Mathematica 命令	含　义
%	代表上一个输出结果
%%	代表上面倒数第二个输出结果
%n	代表上面第 n 个行的输出语句的结果

例2 In[1]:= 2^2
Out[1]= 4
In[2]:= %+5
Out[2]= 9
In[3]:= %1-%2
Out[3]= -5

4. 长表达式的输入

Mathematica 允许一个表达式占用多个输入行.

例3 （3
　　　＋5
　　　）

注意：必须在指令或语法告一阶段而又不完整的地方按"Enter"键换行.

(二) 常数与内部函数

Mathematica 中具有几百个常用的数学函数,包括基本初等函数和一些特殊函数. 下面给出一些常用的常数和内部函数.

1. 重要常数（见表 1-2）

表 1-2

Mathematica 符号	含 义
E	$e \approx 2.71828$
Pi	$\pi \approx 3.14159$
I	$\sqrt{-1}$
Degree	$\dfrac{\pi}{180}$
Infinity	$+\infty$
-Infinity	$-\infty$

注意：在 Mathematica 中,重要常数的第一个字母都以大写字母表示.

2. 常用内部函数(见表 1-3)

表 1-3

Mathematica 符号	含 义
x^a	幂函数 x^a
Abs[x]	x 的绝对值 $\lvert x \rvert$
Sqrt[x]	x 的平方根 $\sqrt{x}$
Exp[x], a^x	指数函数 e^x, a^x
Log[x]	自然对数 $\ln x$
Log[b, x]	以 b 为底的对数 $\log_b x$
Sin[x], Cos[x], Tan[x], Cot[x]	三角函数(以弧度为单位) $\sin x, \cos x,$ $\tan x, \cot x$
ArcSin[x], ArcCos[x], ArcTan[x], ArcCot[x]	反三角函数 $\arcsin x, \arccos x, \arctan x,$ $\operatorname{arccot} x$
Sinh[x], Cosh[x], Tanh[x], Coth[x]	双曲函数 $\sinh x, \cosh x, \tanh x, \cosh x$
ArcSinh[x], ArcCosh[x], ArcTanh[x], ArcCosh[x]	反双曲函数 $\operatorname{arcsinh} x, \operatorname{arccosh} x,$ $\operatorname{arctanh} x, \operatorname{arccosh} x$
Round[x]	x 的整数值
Random[ ]	在 0 和 1 之间的随机数

注意:(1)Mathematica 内部函数的第一个字母都必须以大写字母表示,不能用小写字母开头.

(2)函数需用[ ]括自变量,不用( )括自变量,以便让计算机区分相乘和函数关系的不同情况.

(三)定义变量和函数

1. 定义变量

在 Mathematica 中,变量是以字母开头的字符串,后接字母、数字或下划线,在它们中间不能有空格.变量名的长度没有限制.为了与内部函数加以区分,建议尽量使用小写字母来定义自己的变量;当必须使用以大写字母开头的变量时,注意不能与 Mathematica 的内部函数名称相同.

2. 变量赋值

对于变量,用户可以对其赋值,格式如表 1-4 所示.

假如用户已经将变量 x 赋了一个值,那么系统在以后运算中遇到变量 x 就会自动将值代入进行计算.因此,当用户完成计算后,应及时清除不必要的变量值,以免对以后的计算有影响.

表 1-4

Mathematica 命令	含 义
x=value	给 x 定义一个永远使用的值
x=y=value	同时给 x 和 y 定义一个永远使用的值
x=y	把 y 的值赋给 x
expr/.{x—>xval,y—>yval}	在表达式 expr 中进行几个代换(赋值)
x=. 或 Clear[x]	清除给 x 定义的任何值

3. 自定义函数

Mathematica 可以使用户方便地定义自己需要的函数,它的一般格式如表 1-5 所示.

表 1-5

Mathematica 命令	含 义
f[x_]:=expr	定义以 x 为自变量的函数
f[x_,y_,⋯]:=expr	定义以 $x,y,⋯$ 为自变量的函数
?f	显示 f 的定义
Clear[f]	清除对 f 的所有定义

注意:(1)下划线"_"是必不可少的,它代表 $x,y,⋯$ 是函数 f 的变量.

(2)在定义函数时,使用的符号是延迟赋值符号":=".

例 4 定义 $y=f(x)=1+x^2$,并求出 $f(2)$.

解 输入:f[x_]:=1+x^2

　　　　f[2]或f[x]/.{x->2}

结果:5

例 5 定义 $f(x,y)=x^2+y^2$,并求出 $f(a,b)$.

解 输入:f[x_,y_]:=x^2+y^2

　　　　f[a,b]或f[x,y]/.{x->a,y->b}

结果:a^2+b^2

例 6 定义 $f(x,y)=5+6x^2+x^3+x^4 y$.

(1)用 $z+1$ 代换 x;

(2)赋值 $x=1,y=2$,求 f 的值.

解 输入:f[x_,y_]:=5+6*x^2+x^3+x^4*y

(1)输入:f[x,y]/. x->z+1 或 f[z+1,y]

结果:$5+6(z+1)^2+(z+1)^3+(z+1)^4 y$

(2)输入:f[x,y]/.{x->1,y->2}或f[1,2]

结果:14

(四)表的生成

表是 Mathematica 系统中的一种表示结构,用于把一些表达式聚集起来,称为一个整体.表的本身并无特定的意义,它用于表示一些需要由多个表达式来表示的对象.

Mathematica 的表达式为

$$\{a,b,c,d,\cdots\},$$

其元素也可以为表,甚至可以为其他任何形式的元素.用表也可表示集合,形式上无区别.表可以为一层或更多层,如{{1,2},{3,4},{6,7}}等.常见的有单层、二层、三层表.

表的生成有多种方法,如直接键入语句 gg={{1,2},{6,7}},表示将该表赋给 gg 变量.下面介绍另外两种方法(见表 1-6).

表 1-6

Mathematica 命令	含 义
Range[nmin,nmax,dn]	以 dn 为步长,从 nmin 到 nmax 生成数值表
Table[expr,{n,nmin,nmax,dn}]	以 dn 为步长,从 nmin 到 nmax 按表达式 expr 生成数值表

当 dn=1 时,可以省去不写;dn=1 且 nmin=1 时,两者皆可省去.当 nmax<nmin 时,dn 也可以取负值.

例 7 输入:Range[2,8,0.5]
结果:{2,2.5,3,3.5,4,4.5,5,5.5,6,6.5,7,7.5,8}
输入:Range[2,12]
结果:{2,3,4,5,6,7,8,9,10,11,12}
输入:Range[10]
结果:{1,2,3,4,5,6,7,8,9,10}

例 8 输入:Table[n^2,{n,2,6}]
结果:{4,9,16,25,36}
输入:Table[n^2,{n,6}]
结果:{1,4,9,16,25,36}

(五)解方程

Mathematica 不但能解代数方程,也能解超越方程.当然有时它不能求出方程的精确解,但通常都可以求得方程的近似数值解,这对一般工程中的计算已经足够了.

1. 求一元(多项式)方程的精确解

求一元(多项式)方程的精确解的 Mathematica 命令如表 1-7 所示.

表 1-7

Mathematica 命令	含 义
Solve[lhs==rhs,x]	给出一个代数方程的一般解,不考虑其中参数的特殊取值
Roots[lhs==rhs,x]	给出一个代数方程的一般解,不考虑其中参数的特殊取值
Reduce[lhs==rhs,x]	给出方程全部可能的解

注意：输入方程时,必须用"=="代替"=".

例9 求下列方程的解.

(1) $x^3+3x+1=0$；

(2) $x^6-12x^4+44x^2-48=0$；

(3) $ax^2+bx+c=0$；

(4) $x^5+5x+1=0$.

解 (1) 输入：Solve[x^3+3x+1==0,x]

或 Roots[x^3+3x+1==0,x]

或 Reduce[x^3+3x+1==0,x]

结果：$x==-\left(\dfrac{2}{-1+\sqrt{5}}\right)^{1/3}+\left(\dfrac{-1+\sqrt{5}}{2}\right)^{1/3}\|$

$x==-\dfrac{1}{2}(1+i\sqrt{3})\left(\dfrac{1}{2}(-1+\sqrt{5})\right)^{1/3}+\dfrac{1-i\sqrt{3}}{2^{2/3}(-1+\sqrt{5})^{1/3}}\|$

$x==-\dfrac{1}{2}(1-i\sqrt{3})\left(\dfrac{1}{2}(-1+\sqrt{5})\right)^{1/3}+\dfrac{1+i\sqrt{3}}{2^{2/3}(-1+\sqrt{5})^{1/3}}$

(2) 输入：Solve[x^6-12x^4+44x^2-48==0,x]

或 Roots[x^6-12x^4+44x^2-48==0,x]

或 Reduce[x^6-12x^4+44x^2-48==0,x]

结果：$x==-2 \| x==2 \| x==-\sqrt{2} \| x==\sqrt{2} \| x==-\sqrt{6} \| x==\sqrt{6}$

(3) 输入：Solve[a*x^2+b*x+c==0,x]

或 Roots[a*x^2+b*x+c==0,x]

结果：$x==\dfrac{-b-\sqrt{b^2-4ac}}{2a} \| x==\dfrac{-b+\sqrt{b^2-4ac}}{2a}$

若输入：Reduce[a*x^2+b*x+c==0,x]

结果：$x==\dfrac{-b-\sqrt{b^2-4ac}}{2a}\&\&a\neq 0 \|$

$x==\dfrac{-b+\sqrt{b^2-4ac}}{2a}\&\&a\neq 0 \|$

$a==0\&\&b==0\&\&c==0 \|$

$a==0\&\&x==-\dfrac{c}{b}\&\&b\neq 0$

由此例可看出,Reduce 函数与另外两个函数的区别.

(4)输入:Solve[x^5+5x+1==0,x]

或 Roots[x^5+5x+1==0,x]

或 Reduce[x^5+5x+1==0,x]

结果:x==Root[1+5#1+#1^5&,1]‖

x==Root[1+5#1+#1^5&,2]‖

x==Root[1+5#1+#1^5&,3]‖

x==Root[1+5#1+#1^5&,4]‖

x==Root[1+5#1+#1^5&,5]

由于 Mathematica 不能对此方程给出显式的公式解,故只给出上面的隐式符号解.

方程的隐式符号解虽然是以符号形式给出的,而且是隐式的,但是对其处理方式与其他表达式一样.

输入:N[%]

得方程的数值解:

x==−0.199936‖

x==−1.0045−1.06095i‖

x==−1.0045+1.06095i‖

x==1.1045−1.05983i‖

x==1.10447+1.05983i

2. 求一元方程的数值近似解(见表 1-8)

表 1-8

Mathematica 命令	含 义
NSolve[lhs==rhs,x]	给出一个代数方程的数值解
NRoots[lhs==rhs,x]	给出一个代数方程的数值解
FindRoot[lhs==rhs,{x,x0}]	求方程的数值解,初值为 x_0.

例 10 求下列方程的数值近似解.

(1) $x^3+3x+1=0$;

(2) $x^5+5x+1=0$;

(3) $\ln x + x\sin x = 3$.

解 (1)输入:NSolve[x^3+3x+1==0,x]

结果：x==-0.322185 ‖
　　　x==0.161093-1.75438i ‖
　　　x==0.161093+1.75438i

(2)输入：NSolve[x^5+5x+1==0,x]

或 NRoots[x^5+5x+1==0,x]

结果：x==-1.0045-1.06095i ‖
　　　x==-1.0045+1.06095i ‖
　　　x==-0.199936 ‖
　　　x==1.10447-1.05983i ‖
　　　x==1.10447+1.05983i

(3)输入：NSolve[Log[x]+x*Sin[x]==3,x]

或 NRoots[Log[x]+x*Sin[x]==3,x]

得不出结果.

在区间[0.5,20]内画出函数 $y=\ln x+x\sin x-3$ 的图形.

输入：Plot[Log[x]+x*Sin[x]-3,{x,0.5,20}]

结果如图 1-1 所示.

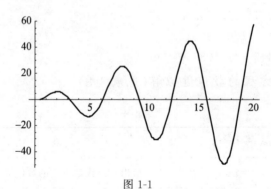

图 1-1

从图 1-1 中可以看出，在区间[0.5,20]内，方程 $\ln x+x\sin x=3$ 在 $x=6$, 10,12,16,19 附近有解.

输入：FindRoot[Log[x]+x*Sin[x]==3,{x,6}]
　　　FindRoot[Log[x]+x*Sin[x]==3,{x,10}]
　　　FindRoot[Log[x]+x*Sin[x]==3,{x,12}]
　　　FindRoot[Log[x]+x*Sin[x]==3,{x,16}]
　　　FindRoot[Log[x]+x*Sin[x]==3,{x,19}]

结果：{(x→6.45971)(x→9.34276)(x→12.6034)(x→15.6922)

(x→18.8529)}

3. 方程组的解与数值近似解(见表1-9)

表 1-9

Mathematica 命令	含 义
Solve[{lhs1==rhs1, lhs2==rhs2,⋯},{x1,x2,⋯}]	以 $x_1, x_2, \cdots$ 为未知量求解方程组
Solve[{lhs1==rhs1, lhs2==rhs2,⋯}]	求方程组中所有未知量
NSolve[{lhs1==rhs1, lhs2==rhs2,⋯},{x1,x2,⋯}]	以 $x_1, x_2, \cdots$ 为未知量求方程组的数值解

例 11 求下列方程组的解或数值近似解.

(1) $\begin{cases} x^2+y^2=1, \\ x+y=a; \end{cases}$ (2) $\begin{cases} x^3+y^3=xy, \\ x+y+xy=1. \end{cases}$

解 (1)输入:Solve[{x^2+y^2==1,x+y==a},{x,y}]

结果:$\left\{ x \to \frac{1}{2}(a-\sqrt{2-a^2}), y \to \frac{1}{2}(a+\sqrt{2-a^2}) \right\}$,

$\left\{ x \to \frac{1}{2}(a+\sqrt{2-a^2}), y \to \frac{1}{2}(a-\sqrt{2-a^2}) \right\}$

(2)输入:Solve[{x^2+y^3==xy,x+y+xy==1},{x,y}]

得出其隐式符号解(略).

输入:NSolve[{x^2+y^3==xy,x+y+xy==1},{x,y}]

得出其隐式数值解(略).

(六)Mathematica 工具包

除了内部函数以外,Mathematica 还提供了拓展的工具包,给出用于解决不同领域的较专业的函数.

注意:当用户读入工具包时,有些内部函数的定义和属性将发生改变.

如果用户已经知道所使用函数的具体的工具包的名称,可以使用命令形式打开工具包.例如,可以使用命令

<<Graphics ` Animation `

打开动画工具包.

(七) 获得 Mathematica 的帮助

Mathematica 定义了几百个内部函数,包括基本初等函数和特殊函数.想要得到函数的格式及用法,可以使用
? 函数名称
来得到.欲得到有关函数属性的进一步信息,可以使用
?? 函数名称

从上面的有关例子中,我们可以看到,Mathematica 的函数名称及命令都很长,除标准函数外,使用的都是函数的英文全称,这可以使用户通过名称知道函数的作用,但输入时不太方便. Mathematica 4.0 版本很好地解决了这一问题,用户只需要输入函数的前几个字母,然后按"Ctrl+K"组合键,Mathematica 就会给出以这些字母开头的所有函数名称列表的对话框,用户可以从中选择所需要的函数名称.如果以这些字母开头的函数是唯一的,那么 Mathematica 会自动在输入处给出函数的全称,这对用户来说是十分方便和快捷的.

四、Mathematica 程序设计简介

Mathematica 将所有的语句都看成是表达式,用户可以根据它的规则来设计自己的程序.与其他程序相比,由于 Mathematica 内部定义了大量的函数,用户可以在程序中调用这些函数,从而使用户的程序更加简捷,大大提高了程序的效率.一般来说,Mathematica 的语法规则与 C 语言比较接近,因此对于熟悉 C 语言的用户来说,读懂和编写 Mathematica 程序并不困难.

(一) 关系运算符

Mathematica 提供 6 种关系运算符(见表 1-10).

表 1-10

Mathematica 关系运算符	含义
<	小于

续表

Mathematica 关系运算符	含义
<=	小于或等于
>	大于
>=	大于或等于
==	等于
!=	不等于

(二)逻辑运算符(见表 1-11)

表 1-11

Mathematica 逻辑运算符	含义
&&	逻辑与(相当于其他语言中的 AND)
||	逻辑或(相当于其他语言中的 OR)
!	逻辑非(相当于其他语言中的 NOT)

(三)自增、自减运算符(见表 1-12)

表 1-12

Mathematica 自增、自减运算符	含义
++i, --i	在使用 i 之前,先使 i 的值加(减)1
i++, i--	在使用 i 之后,使 i 的值加(减)1
i+=di	等价于 $i=i+d_i$
i-=di	等价于 $i=i-d_i$

(四)选择结构

在程序设计过程中,当需要根据特定的判别条件来确定程序流向时,需要使用选择结构.Mathematica 的选择结构有以下两种格式(见表 1-13).

表 1-13

Mathematica 选择结构	含 义
If[检测条件,表达式 1,表达式 2,表达式 3]	首先对"检测条件"进行检验,若为 True,则执行"表达式 1";若为 False,则执行"表达式 2";若不能判定,则执行"表达式 3"
Which[检测条件 1,表达式 1,检测条件 2,表达式 2]	依次对检测条件进行检验,当首次遇到检测条件为 True 时,执行相应的表达式

例 12 定义符号函数:

$$y(x)=\text{sgn}(x)=\begin{cases} -1, & x<0, \\ 0, & x=0, \\ 1, & x>0. \end{cases}$$

解 输入:y[x_]:=If[x<0,-1,If[x>0,1,0]]

或 y[x_]:= Which[x<0,-1,x>0,1,x==0,0]

(五)循环结构

在编程时,当反复进行同一类操作时,需要使用循环结构.Mathematica 的循环结构有以下 3 种格式(见表 1-14).

表 1-14

Mathematica 循环结构	含 义
Do[表达式,{k,k0,k1,d}]	重复计算表达式的值,循环变量 k 从 k_0 变化到 k_1,以 d 为步长

续表

Mathematica 循环结构	含义
For[初始值,检测条件,步进表达式,过程]	首先计算"初始值",然后进入循环,执行"过程",然后对"检测条件"进行检验,若为 True 则继续循环,否则终止循环
While[检测条件,过程表达式]	对"检测条件"进行检验,若为 True 则继续循环,否则终止循环

当表达式已知,迭代次数已知时,用"Do"循环;对于循环次数已经确定的情况,使用"For"循环比较简单;当循环次数不确定时,使用"While"循环是最佳选择.

例 13 (1)求 $1,2,3,\cdots,10$ 的平方;

(2)求 $1,3,5,\cdots,19$ 的平方.

解 (方法一)用"Do"循环.

(1)Do[Print[i^2],{i,1,10}]

(2)Do[Print[i^2],{i,1,20,2}]

(方法二)用"For"循环.

(1)For[i=1,i<=10,i++,Print[i^2]]

(2)For[i=1,i<=20,i+=2,Print[i^2]]

例 14 设银行年利率为 11.25%,将 10 000 元钱存入银行,问:需多长时间会连本带利翻一番?

解 此问题循环次数不确定,用"While"循环,程序如下:

money = 10000;

year = 0;

While[money < 20000,money = money * (1+11.25/100); year = year +1]

money

year

结果:money = 21091.1,year = 7

注意:在"While"循环中,过程表达式为"money = money * (1+11.25/100); year = year +1",其中的符号为";","While"中的","是检测条件与过程表达式的分界符.由此可见,Mathematica 中关于";"与","的使用与 C 语言恰好相反.

【实验练习】

1. 计算下列各式的值：

   (1) 25^{10}；　　　　　　　　　　(2) $\sqrt{e^5+1}$；

   (3) $\arctan(\log_2 5)$；　　　　　　(4) $\ln\ln(10^\pi+9)$.

2. 定义函数 $f(x)=e^x\sin x$，并求 $f(0.5), f(2)$，精确到 30 位.

3. 定义函数 $f(x,y)=e^{x^2+y^2}$，并求 $f(2,3)$.

4. 定义函数：
$$f(x)=\begin{cases} x^2-1, & x>0, \\ 0, & x=0, \\ 2x+1, & x<0, \end{cases}$$
求 $f(3), f(-5)$.

5. 求下列关于 x 的方程的解：

   (1) $\cos x = x$；　　　　　　　　(2) $\sqrt{ax}=x$；

   (3) $e^x = e^{-x}$；　　　　　　　　(4) $ax^5+5=0$；

   (5) $x^5+5=0$.

6. 求解下列方程组：

   (1) $\begin{cases} ax+by=1, \\ x-y=2; \end{cases}$　　　　(2) $\begin{cases} x^2+2y^2-5=0, \\ x+y=7. \end{cases}$

实验二　一元函数的图形与极限

【实验类型】

验证性.

【实验目的】

(1)学习使用 Mathematica 绘制一元函数的图形.
(2)通过图形认识函数,观察函数的特性,建立数形结合的思想.
(3)掌握数列极限与函数极限的计算.

【实验内容】

(1)绘制平面曲线.
(2)计算数列与函数极限.

【实验原理】

一、函数的概念及特性

一元函数的表达形式为 $y=f(x)$,它的图形是一条平面曲线.

二、平面曲线的参数方程

形式为 $\begin{cases} x = \varphi(t), \\ y = \psi(t) \end{cases}$ $(a \leqslant t \leqslant b)$ 的方程，在平面直角坐标系下代表一条曲线，这一方程即为平面曲线的参数方程.

三、平面曲线的极坐标方程转化为参数方程

由极坐标与平面直角坐标系的关系 $\begin{cases} x = r\cos\theta, \\ y = r\sin\theta \end{cases}$ 可知，若已知平面曲线的极坐标方程为 $r = f(\theta)$，则取平面直角坐标系下的参数方程为

$$\begin{cases} x = f(\theta)\cos\theta, \\ y = f(\theta)\sin\theta, \end{cases} \quad 0 \leqslant \theta \leqslant 2\pi.$$

四、极限

1. 数列极限的概念

设 $\{x_n\}$ 是一个数列，a 是一个确定的数，对于任意给定的正数 ε，总存在正整数 N，使得 $n > N$ 时，都有

$$|x_n - a| < \varepsilon,$$

则称数列 $\{x_n\}$ 收敛于 a，记作 $\lim\limits_{n \to \infty} x_n = a$.

2. 函数极限的概念

对于任意给定的正数 ε，总存在正数 δ，使得对于适合不等式 $0 < |x - x_0| < \delta$ 的一切 x，对应的函数值 $f(x)$ 都满足不等式

$$|f(x) - A| < \varepsilon,$$

那么，常数 A 就叫作函数 $f(x)$ 当 $x \to x_0$ 时的极限，记作 $\lim\limits_{x \to x_0} f(x) = A$.

【实验使用的 Mathematica 函数】

1. 平面曲线的绘制涉及的 Mathematica 基本命令(见表 2-1)

表 2-1

Mathematica 命令	含 义
Plot[f,{x,xmin,xmax},选择项]	在 $[x_{\min}, x_{\max}]$ 内画出函数 $y=f(x)$ 的图形
Plot [{ f1, f2, …}, { x, xmin, xmax},选择项]	同时画出几个函数 $y=f_1(x), y=f_2(x)$ 的图形
Show[P1,P2,…,Pn]	将函数图形 $P_1, P_2, \cdots, P_n$ 同时显示
ParametricPlot[{ x [t], y [t]},{t,tmin,tmax},选择项]	画参数方程 $\begin{cases} x=x(t), \\ y=y(t), \end{cases} t\in[t_{\min}, t_{\max}]$ 表示的曲线
ListPlot[{y1,y2,…},选择项]	画出坐标为 $(1,y_1), (2,y_2), \cdots$ 的点
ListPlot[{{x1,y1},{x2,y2}…},选择项]	画出坐标为 $(x_1,y_1), (x_2,y_2), \cdots$ 的点

在使用 Mathematica 系统绘图时,系统面临多种多样的选择,比如它要决定采用什么样的比例尺、需要绘出什么样的坐标轴等,这些选择都由上面命令中的"选择项"给出,在绘图时通过一系列形如

选择项名称－＞选择项取值

的规则来选择不同的绘制方案.如果不给出方案,则系统使用其缺省值.常用的选择项名及其缺省值如表 2-2 所示.

表 2-2

选择项名称	缺省值	含　义
PlotRange	Automatic	指定作图的坐标范围,也可以用 $\{y_{\min},y_{\max}\}$ 或 $\{\{x_{\min},x_{\max}\},\{y_{\min},y_{\max}\}\}$ 选择坐标范围
AspectRatio	1/Golden-Ratio	图形宽高之比,可选项值取 Automatic,将根据 $x-y$ 坐标的实际值来设置
AxesLabel	None	说明坐标上的标记符号,用{xlabel,ylabel}规定两个轴的标志
PlotStyle	Automatic	把曲线画成一定的宽度、画成虚线、使用某种颜色或灰度等
PlotJoined	False	规定图形中的点是否用折线连接
PlotStyle—>PointSize[t]	t=0.008	规定散点图中的每个点的大小

其中的常用取值如表 2-3 所示.

表 2-3

选择项名	含　义
Thickness[t]	描述线的宽度,其中 t 是一个实数,说明要求的画线宽度,这时以整个图的宽度作为 1 计算,一般用的数应当远小于 1
GrayLevel[i]	描述画线时使用的灰度,其中 i 是一个在[0,1]间的数,说明灰度的深浅,其中 0 表示黑色,1 表示白色
RGBColor[r,g,b]	说明颜色,其中 r,g,b 是 3 个取值[0,1]间的数,说明所要求的颜色里红色、绿色、蓝色分别的强度
Dashing[{d1,d2}]	说明用怎样的方式画虚线,其中 d_1,d_2 都是小于 1 的数,说明虚线的分段方式,这时也以图形的宽度为 1,Plot 将循环使用表里的数交替地作为线段和空白的长度

2. 极限运算设计的 Mathematica 基本命令(见表 2-4)

表 2-4

Mathematica 命令	含 义
Limit[expr,x->x0]	求极限 $\lim\limits_{x \to x_0} f(x)$
Limit[expr,x->x0,Direction->1]	求左极限 $\lim\limits_{x \to x_0^-} f(x)$
Limit[expr,x->x0,Direction->-1]	求右极限 $\lim\limits_{x \to x_0^+} f(x)$

【实验指导】

一、平面曲线的绘制

(一)绘制初等函数的图形

例1 在区间 $[-2\pi, 2\pi]$ 内画出函数 $y = \tan x$ 的图形,加入可选项设定 y 的取值范围,将结果保存在变量 P_1 中.

解 输入:Plot[Tan[x],{x,-2*Pi,2*Pi}]

结果如图 2-1 所示.

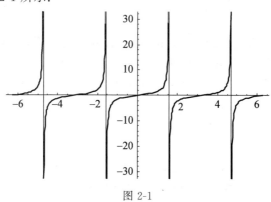

图 2-1

输入:Plot[Tan[x],{x,-2*Pi,2*Pi},PlotRange->{0,5}]

结果如图 2-2 所示.

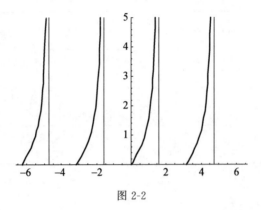

图 2-2

输入:P1=Plot[Tan[x],{x,-2*Pi,2*Pi},PlotRange->{-5,5}]

结果如图 2-3 所示.

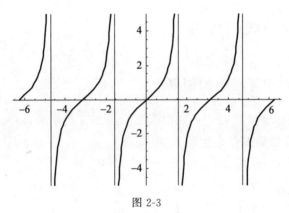

图 2-3

例 2 画出函数 $y=\arcsin x$ 和 $y=\arccos x$ 的图形,加入可选项为每条曲线设定一个不同的方式,将结果保存在变量 P_2 中.

解 输入:P2=Plot[{ArcSin[x],ArcCos[x]},{x,-1,1},PlotStyle->{{RGBColor[0,1,0],Thickness[0.01]},{RGBColor[1,0,1],Dashing[{0.05,0.05}]}}]

结果如图 2-4 所示.

注意:(1)RGBColor[0,1,0]表示曲线用绿色显示,RGBColor[1,0,1]表示曲线用红色和蓝色混合显示(即用紫色显示).

(2)Thickness 代表线的粗细程度.

(3) Dashing 代表画虚线,其中一个参数代表虚线中每段实线段的长,另一个参数代表虚线中实线段之间间隔的长.

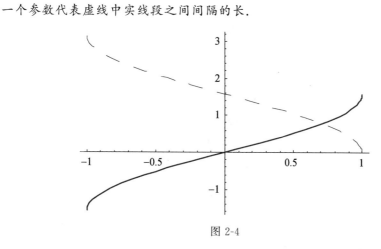

图 2-4

例 3 将例 1 和例 2 的图形同时显示.

解 输入:Show[P1,P2]

结果如图 2-5 所示.

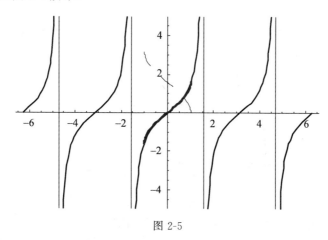

图 2-5

例 4 画出 $y=\sin\dfrac{1}{x}$ 的图形,并给图形的坐标轴加上说明.

解 输入:Plot[Sin[1/x],{x,-1,1},AxesLabel->{"x","sin(1/x)"}]

结果如图 2-6 所示.

函数在 $x=0$ 点附近回转无穷次,Mathematica 在回转多的地方尽量取较多的样点来精确画出这个函数,故图中有点模糊.

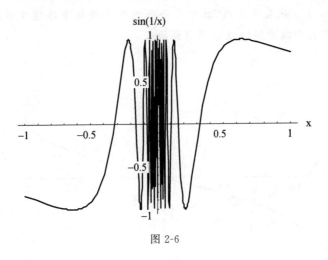

图 2-6

例 5 画出 $y = x^{\frac{1}{3}}$ 的图形.

解 输入：Plot[x^(1/3),{x,-3,3}]

结果如图 2-7 所示.

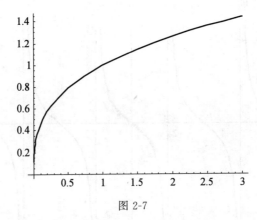

图 2-7

用命令 Plot[x^(1/3),{x,-3,3}] 画出的图形只有 $x>0$ 的那部分，主要是由于 Mathematica 计算负数开奇次方时，只给出负数表达式，因此，Mathematica 画不出 $x<0$ 部分的图形. 为此用以下命令，将 $x>0$ 的部分和 $x<0$ 部分的图形拼接.

输入：P1=Plot[x^(1/3),{x,0,3}];
　　　P2=Plot[-(-x)^(1/3),{x,-3,0}];
　　　Show[P1,P2]

结果如图 2-8 所示.

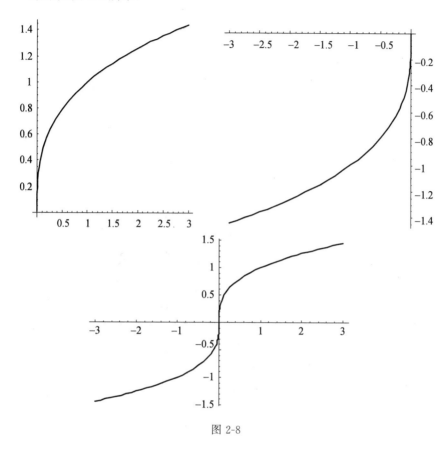

图 2-8

(二) 绘制参数函数的图形

例 6 画出星形线、摆线的图形,其参数方程分别为

$$\begin{cases} x=2\cos^3 t, \\ y=2\sin^3 t; \end{cases} \quad \begin{cases} x=2(t-\sin t), \\ y=2(1-\cos t). \end{cases}$$

解 输入：ParametricPlot[{2Cos[t]^3,2Sin[t]^3},{t,0,2*Pi},AspectRatio->Automatic]

结果如图 2-9 所示.

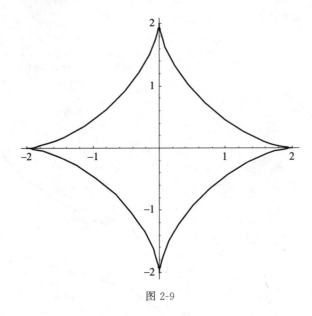

图 2-9

输入:ParametricPlot[{2*(t-Sin[t]),2*(1-Cos[t])},{t,0,4*Pi}]
结果如图 2-10 所示.

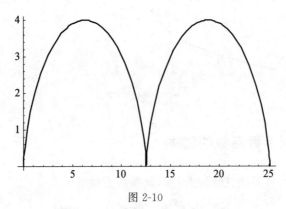

图 2-10

注意:AspectRatio->Automatic 的意义为自动设置 x 轴与 y 轴刻度的比例.

(三)极坐标函数图形的绘制

绘制极坐标方程 $r=r(t)$ 的图形,先将方程化为参数方程:
$$\begin{cases} x=r(t)\cos t, \\ y=r(t)\sin t, \end{cases}$$

再使用命令 ParametricPlot 即可.

例 7 画出心形线 $r=2(1-\cos t)$,三叶玫瑰线 $r=2\cos 3t$ 的图形.

解 输入:r[t_]:=2*(1-Cos[t])

ParametricPlot[{r[t]*Cos[t],r[t]*Sin[t]},{t,0,2*Pi},AspectRatio->Automatic]

r[t_]:=2*Cos[3t]

ParametricPlot[{r[t]*Cos[t],r[t]*Sin[t]},{t,0,2*Pi},AspectRatio->Automatic]

结果如图 2-11 所示.

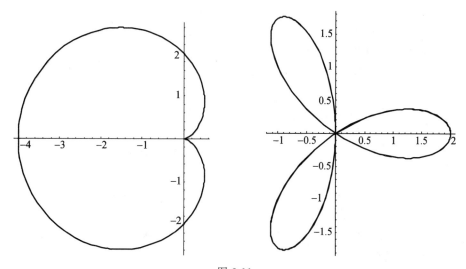

图 2-11

(四)分段函数图形的绘制

例 8 画出 $f(x)=\begin{cases} x+1, & x<1, \\ 1+\dfrac{1}{x}, & x\geqslant 1 \end{cases}$ 的图形.

解 (方法一)利用条件语句.

输入:f[x_]:=x+1/;x<1;

f[x_]:=1+1/x/;x>=1;

Plot[f[x],{x,-3,10}]

结果如图 2-12 所示.

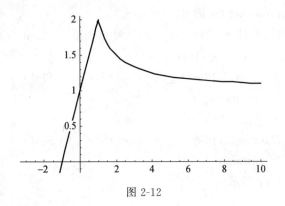

图 2-12

(方法二)分段作图再拼接.

输入:P1=Plot[x+1,{x,-2,1}];

P2=Plot[1/x+1,{x,1,5}];

Show[P1,P2]

结果如图 2-13 所示.

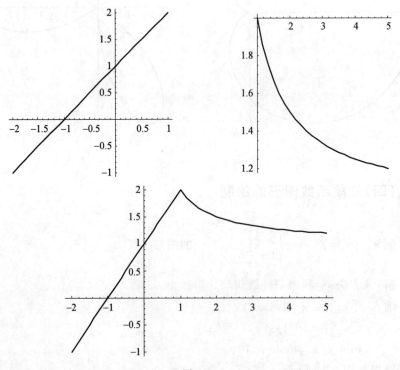

图 2-13

例 9 画出 $f(x)=\begin{cases} x-1, & x<1, \\ 1+\dfrac{1}{x}, & x\geq 1 \end{cases}$ 的图形.

解 （方法一）利用条件语句.

输入：f[x_]:=x-1/;x<1;
　　　f[x_]:=1+1/x/;x>=1;
　　　Plot[f[x],{x,-3,10}]

结果如图 2-14 所示.

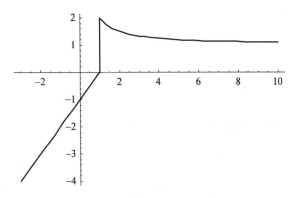

图 2-14

（方法二）分段作图再拼接.

输入：P1=Plot[x-1,{x,-2,1}];
　　　P2=Plot[1/x+1,{x,1,5}];
　　　Show[P1,P2]

结果如图 2-15 所示.

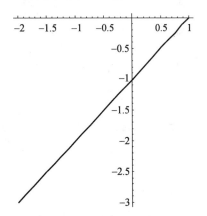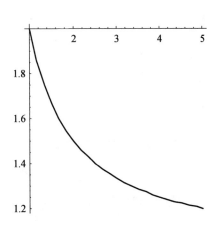

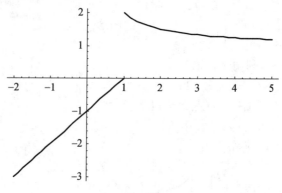

图 2-15

函数在 $x=1$ 处不连续，$x=1$ 为跳跃间断点，但方法一中的图 2-14 却不是这样的，因此，要用方法二即分段作图再拼接的方法.

(五)点的集合的图形

例 10 (1)画出坐标为 $(i,i^2)(i=1,2,\cdots,10)$ 的点，并画出折线图；
(2)画出坐标为 $(i^2,4i^2+i^3)(i=1,2,\cdots,10)$ 的点，并画出折线图.

解 (1)输入：t1=Table[i^2,{i,10}];
　　　　　　ListPlot[t1]
　　　　　　ListPlot[t1,PlotJoined−>True]

结果如图 2-16 所示.

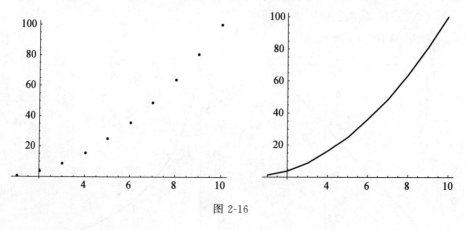

图 2-16

(2)输入：t2=Table[{i^2,4*i^2+i^3},{i,1,10}]

ListPlot[t2,PlotStyle->PointSize[0.02]]
ListPlot[t2,PlotJoined->True]

结果如图 2-17 所示.

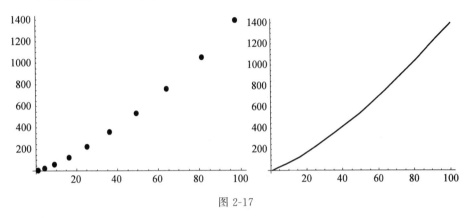

图 2-17

二、极限运算

例 11 求下列数列的极限：

(1) $\lim\limits_{n\to\infty}\left(1+\dfrac{1}{n}\right)^n$；　(2) $\lim\limits_{n\to\infty}\sin^n\dfrac{2n\pi}{3n+1}$；　(3) $\lim\limits_{n\to\infty}\left(1+\dfrac{1}{2}+\dfrac{1}{2^2}+\cdots+\dfrac{1}{2^n}\right)$.

解 （1）输入：Limit[(1+1/n)^n,n->Infinity]

结果：e

（2）输入：Limit[(Sin[2nPi/(3n+1)])^n,n->Infinity]

结果：0

（3）输入：Limit[Sum[1/2^k,{k,0,n}],n->Infinity]

结果：2

例 12 求下列函数极限：

(1) $\lim\limits_{x\to 0}\dfrac{x^2}{\sqrt{1+x\sin x}-\sqrt{\cos x}}$；　(2) $\lim\limits_{x\to +\infty}x\left(\dfrac{\pi}{2}-\arcsin\dfrac{x}{\sqrt{x^2-1}}\right)$.

解 （1）输入：Limit[x^2/(Sqrt[1+x*Sin[x]]-Sqrt[Cos[x]]),x->0]

结果：$\dfrac{4}{3}$

（2）输入：Limit[x*(Pi/2-ArcSin[x/Sqrt[x^2+1]]),x->+Infinity]

结果：1

例 13 求下列函数的左、右极限:

(1) $\lim\limits_{x\to 0^-}\dfrac{1}{x}$, $\lim\limits_{x\to 0^+}\dfrac{1}{x}$; (2) $\lim\limits_{x\to 1^-}\dfrac{1}{1+e^{\frac{1}{x}}}$, $\lim\limits_{x\to 1^+}\dfrac{1}{1+e^{\frac{1}{x}}}$;

解 (1) 输入:Limit[1/x,x->0,Direction->1]
结果:$-\infty$
输入:Limit[1/x,x->0,Direction->-1]
结果:∞
(2) 输入:Limit[1/(1+Exp[1/x]),x->1,Direction->1]
结果:$\dfrac{1}{1+e}$
输入:Limit[1/(1+Exp[1/x]),x->1,Direction->-1]
结果:$\dfrac{1}{1+e}$

例 14 斐波那契数列和黄金分割.

这是一个兔子繁殖的模型,一对子兔一个月后成为一对成年兔,而成年兔每个月能繁殖一对子兔,这样繁殖下去,问:每个月成年兔的数目 F_n 为多少?再考察 $\dfrac{F_{n-1}}{F_n}$ 的变化趋势.

解 (1) 观察斐波那契数列.

列出各月份兔群的兔子的对数如表 2-5 所示.

表 2-5

月份	0	1	2	3	4	5	6	7	…
幼兔	1	0	1	1	2	3	5	8	…
成兔	0	1	1	2	3	5	8	13	…
总数	1	1	2	3	5	8	13	21	…

记兔群总数为 F_n, $n=0,1,2,\cdots$,观察可知,数列 $\{F_n\}$ 满足下列递推公式:

$$\begin{cases} F_n=F_{n-1}+F_{n-2}, \\ F_0=F_1=1, \end{cases} n=2,3,\cdots, \quad ①$$

这就是著名的斐波那契数列.上面的递推关系式为一个二阶线性齐次差分方程.

实验二 一元函数的图形与极限

为了直观了解数列的特性,首先计算出数列的前 20 项,并画出其散点图.
输入:F[0]=1;F[1]=1;
　　　F[n_]:=F[n-1]+F[n-2]
　　　Fab20=Table[F[i],{i,0,20}]
　　　ListPlot[Fab20,PlotStyle->PointSize[0.02]]
得数列的前 20 项为
{1,1,2,3,5,8,13,21,34,55,89,144,233,377,610,987,1597,2584,4181,6765,10946}

数列前 20 项的散点图如图 2-18 所示.

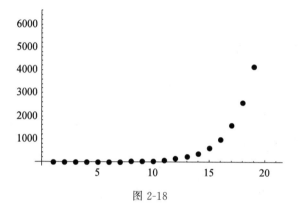

图 2-18

将数列各项取对数,然后再作散点图.
输入:Lgfab20=Log[Fab20];
　　　ListPlot[Lgfab20,PlotStyle->PointSize[0.02]]
结果如图 2-19 所示.

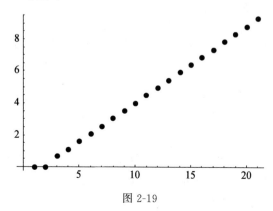

图 2-19

可以看出,图形近似一条直线.

(2)斐波那契数列的通项公式的理论推导.

现在的问题是求二阶线性齐次差分方程①的解 F_n.

根据图 2-19 可以猜测 F_n 具有指数形式,不妨设 $F_n = \lambda^n$ 进行尝试,将其代入差分方程

$$F_n = F_{n-1} + F_{n-2}, \qquad ②$$

得 $\lambda^n = \lambda^{n-1} + \lambda^{n-2}$,即 $\lambda^2 = \lambda + 1$.

解得 $\lambda_1 = \dfrac{1+\sqrt{5}}{2}, \lambda_2 = \dfrac{1-\sqrt{5}}{2}$,故 $\left(\dfrac{1+\sqrt{5}}{2}\right)^n, \left(\dfrac{1-\sqrt{5}}{2}\right)^n$ 都是差分方程②的特解;而差分方程②的通解形式应为: $C_1 \left(\dfrac{1+\sqrt{5}}{2}\right)^n + C_2 \left(\dfrac{1-\sqrt{5}}{2}\right)^n$,其中 C_1 与 C_2 为任意常数,根据定解条件确定出常数 C_1 与 C_2,就得出差分方程①的解.

输入:a=(1+Sqrt[5])/2
　　　b=(1-Sqrt[5])/2
　　　F1[n_] := C1 * a^n + C2 * b^n
　　　Solve[{F1[0]==1,F1[1]==1}] // Simplify

结果:{{C1→$\dfrac{1}{10}(5+\sqrt{5})$,C2→$\dfrac{1}{10}(5-\sqrt{5})$}}

即

$$C_1 = \dfrac{1}{\sqrt{5}}\lambda_1, \quad C_2 = -\dfrac{1}{\sqrt{5}}\lambda_2,$$

故得出数列 F_n 的通项公式为

$$F_n = \dfrac{1}{\sqrt{5}}\left[\left(\dfrac{1+\sqrt{5}}{2}\right)^{n+1} - \left(\dfrac{1-\sqrt{5}}{2}\right)^{n+1}\right].$$

(3)考察 $\dfrac{F_{n-1}}{F_n}$ 的变化趋势:令 $R_n = \dfrac{F_{n-1}}{F_n}$,求出 R_n 的前 20 项并作出散点图.

输入:fnt=Table[(a^(n+1)-b^(n+1))/Sqrt[5],{n,20}]//N;
　　　rnt=Table[fnt[[n-1]]/fnt[[n]],{n,2,20}]//N

得 R_n 的前 20 项为

{0.5, 0.666667, 0.6, 0.625, 0.615385, 0.619048, 0.617647, 0.618182, 0.617978, 0.618056, 0.618026, 0.618037, 0.618033, 0.618034, 0.618034, 0.618034, 0.618034, 0.618034, 0.618034}

输入:ListPlot[rnt,PlotStyle->PointSize[0.02]]
得 R_n 的前 20 项的散点图如图 2-20 所示.

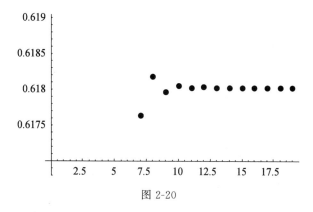

图 2-20

从图 2-20 中可以看出,当 $n \to \infty$ 时,$R_n \to 0.618$.

上面观察结论的理论推导如下:

因为 $R_n = \dfrac{F_{n-1}}{F_n}$,由 F_n 递推公式可得出 $R_n = \dfrac{F_n}{F_n + F_{n-1}} = \dfrac{1}{1 + R_{n-1}}$,而数列 F_n 的通项公式为

$$F_n = \frac{1}{\sqrt{5}} \left[\left(\frac{1+\sqrt{5}}{2} \right)^{n+1} - \left(\frac{1-\sqrt{5}}{2} \right)^{n+1} \right],$$

由于 $\left| \dfrac{1-\sqrt{5}}{2} \right| < 1$,所以

$$\lim_{n \to \infty} R_{n+1} = \lim_{n \to \infty} \frac{F_n}{F_{n+1}} = \lim_{n \to \infty} \frac{\left(\dfrac{1+\sqrt{5}}{2} \right)^{n+1} - \left(\dfrac{1-\sqrt{5}}{2} \right)^{n+1}}{\left(\dfrac{1+\sqrt{5}}{2} \right)^{n+2} - \left(\dfrac{1-\sqrt{5}}{2} \right)^{n+2}} = \frac{1-\sqrt{5}}{2} \approx 0.618.$$

【实验练习】

1. 画出所有基本初等函数的图形,并观察其特性,即单调性、周期性、对称性、变化趋势等.

2. 画出下列函数的图形:

(1) $y = 1 + \ln(x+2)$;

(2) $\begin{cases} x = 4\cos t, \\ y = 3\sin t; \end{cases}$

(3) $y=\begin{cases} x^2, & x\geq 1. \\ 1+x, & x<1. \end{cases}$

3. 分别用直接作图和拼接作图法,画出函数 $f(x)=\dfrac{2x^2}{x^2-1}$ 的图形.

4. 求下列函数的极限:

(1) $\lim\limits_{x\to 0}\dfrac{\tan x-\sin x}{\sin^3 x}$;

(2) $\lim\limits_{x\to 0}\dfrac{\sqrt{\cos x}-\sqrt[3]{\cos x}}{\sin^2 x}$;

(3) $\lim\limits_{n\to\infty}\dfrac{1}{(\ln\ln n)^{\ln n}}$;

(4) $\lim\limits_{x\to\infty}\left(\sin\dfrac{1}{x}+\cos\dfrac{1}{x}\right)^x$;

(5) $\lim\limits_{n\to\infty}\dfrac{(n+1)(n+2)(n+3)}{5n^2}$.

5. 求下列函数的间断点,并指出类型:

(1) $y=x\cos^2\dfrac{1}{x}$;

(2) $y=e^{\frac{1}{x}}$;

(3) $y=\arctan\dfrac{1}{1+x}$.

6. 画出函数 $y=\left(1+\dfrac{1}{x}\right)^{x+1}$, $x\in[1,100]$ 的图形,观察当 $x\to+\infty$ 时 y 的变化趋势,并求极限 $\lim\limits_{x\to+\infty}\left(1+\dfrac{1}{x}\right)^{x+1}$.

7. 函数 $y=x\cos x$ 在 $(-\infty,+\infty)$ 内是否有界?又问当 $x\to+\infty$ 时这个函数是否是无穷大?为什么?画出函数的图形来验证自己的结论.

8. 设 $a_n=\sqrt{2+a_{n-1}}$, $a_1=\sqrt{2}$,研究数列 $\{a_n\}$ 的极限.

(1) 在平面上画出点 (n,a_n) $(n=1,2,\cdots,1\,000)$ 的散点图和折线图.

(2) 根据上述图形,猜测数列 $\{a_n\}$ 的极限是多少?

实验三　一元函数微分学

【实验类型】

验证性.

【实验目的】

(1)学习使用 Mathematica 进行导数和微分的基本运算.
(2)从几何上直观了解导数的定义和切线方程、法线方程.
(3)从几何上直观理解中值定理.
(4)学习使用 Mathematica 求函数的泰勒展开式.

【实验内容】

(1)使用 Mathematica 计算各类函数的导数.
(2)使用 Mathematica 绘制平面曲线的切线与割线.
(3)使用 Mathematica 验证中值定理.
(4)使用 Mathematica 验证泰勒展开式与函数逼近.

【实验原理】

(1)导数概念与导数的几何意义.
(2)中值定理.

【实验使用的 Mathematica 函数】

本实验涉及的 Mathematica 基本命令如表 3-1 所示.

表 3-1

Mathematica 命令	含 义
D[f[x],x]	求函数 $f(x)$ 对 x 的导数
D[f[x],{x,n}]	求函数 $f(x)$ 对 x 的 n 阶导数
Dt[f(x)]	计算函数 $f(x)$ 的微分
Series[f[x]{x,x0,n}]	将函数 $f(x)$ 在 x_0 处进行 n 阶泰勒展开
Normal[p]	去掉泰勒展开式 p 后的皮亚诺型余项

【实验指导】

一、导数、微分运算

(一)显函数的导数

1. 求函数 $f(x)$ 对 x 的导数

例 1　$f(x)=x^n$,求 $\dfrac{\mathrm{d}y}{\mathrm{d}x}$.

解　输入:D[x^n,x]
结果:nx^{-1+n}

2. 求函数 $f(x)$ 对 x 的 n 阶导数

例 2　$f(x)=x^n$,求 $\dfrac{\mathrm{d}^3y}{\mathrm{d}x^3}$.

解　输入:D[x^n,{x,3}]

结果:$(-2+n)(-1+n)nx^{-3+n}$

3. 抽象函数的导数

抽象函数求导、高阶导数的方法与前面一样.

例3 $y=xf(x^2+1)$,求 $\dfrac{dy}{dx},\dfrac{d^2y}{dx^2}$.

解 输入:D[x*f[x^2+1],x]
结果:$f[1+x^2]+2x^2f'[1+x^2]$
输入 D[x*f[x^2+1],{x,2}]
结果:$4xf'[1+x^2]+x(2f'[1+x^2]+4x^2f''[1+x^2])$

(二)显函数的微分

例4 设 $f(x)=e^{2x}\cos x$,求 $dy,\dfrac{dy}{dx}$.

解 输入:f[x_]:=Exp[2x]*Cos[x]
　　　　Dt[f[x]];
　　　　Simplify[%]
　　　　D[f[x],x]
结果:$e^{2x}Dt[x](2Cos[x]-Sin[x])$
　　　$2e^{2x}Cos[x]-e^{2x}Sin[x])$

(三)隐函数的导数

对隐函数的求导问题,可以根据隐函数的求导方法,借助于 Mathematica 来计算.

例5 $x\sin y+ye^x=0$,求 $y'(x),y'(0)$.

解 输入:Solve[Dt[x*Sin[y]+y*Exp[x],x]==0,Dt[y,x]]
结果:$\left\{\left\{Dt[y,x]\to -\dfrac{e^{xy}+\sin[y]}{e^x+xCos[y]}\right\}\right\}$
输入:Solve[x*Sin[y]+y*Exp[x]==0,y]/.{x->0}
结果:{{y→0}}

(四)参变量函数的导数

例6 $\begin{cases}x=1-t^2\\y=t-t^3\end{cases}$,求 $\dfrac{dy}{dx},\dfrac{d^2y}{dx^2}$.

解 (1)定义参数方程：

x[t_]:=1-t^2

y[t_]:=t-t^3

(2)求 $\dfrac{dx}{dt}, \dfrac{dy}{dt}$.

输入：D[x[t],t]

结果：-2t

输入：D[y[t],t]

结果：$1-3t^2$

(3)求 $\dfrac{dy}{dx}$.

输入：D[y[t],t]/D[x[t],t]

结果：$-\dfrac{1-3t^2}{2t}$

(4)求 $\dfrac{d^2 y}{dx^2}$.

输入：D[%,t]/D[x,t]

结果：$-\dfrac{3+\dfrac{1-3t^2}{2t^2}}{2t}$

二、平面曲线的切线与割线

对于平面曲线 $y=f(x)$：

(1)经过点 $(a,f(a))$ 的切线方程为 $y=f(a)+f'(a)(x-a)$；

(2)经过点 $(a,f(a))$ 和点 $(b,f(b))$ 的割线方程为

$$y=f(a)+\dfrac{f(b)-f(a)}{b-a}(x-a),$$

当 $b\to a$ 时割线就变为过点 $(a,f(a))$ 的切线.

例 7 对于曲线 $y=x^2+2x+5$：

(1)画出曲线及其在 $x=2$ 处的切线；

(2)取 $a=2$，将 x 轴上的区间 $[-2,2]$ 二十等分，分别取 b 为各等分点的坐标，画出曲线过点 $(a,f(a))$ 和 $(b,f(b))$ 的割线，观察割线的变化情景.

解 (1)求切线.

输入：f[x_]:=x^2+2*x+5;

```
K=D[f[x],x]/.x->2
g[x_]:=f[2]+K*(x-2);
Plot[{g[x],f[x]},{x,-3,3}]
```
结果如图 3-1 所示.

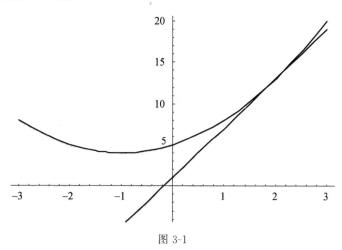

图 3-1

(2)求割线.
$$b=-2+\frac{1}{5}i, \quad i=1,2,\cdots.$$

输入:
```
For[i=1,i<20,i++,
    a=2; b=-2+1/5*i;
    h[x_]:=f[a]+(f[b]-f[a])*(x-a)/(b-a);
    P2=Plot[{f[x],h[x]},{x,-3,3}]]
```
则 Mathematica 画出了曲线在 20 个不同位置的割线,由此可以观察割线变化为切线的过程.图形略.

三、中值定理

例 8 对函数 $f(x)=x(x-1)(x-2)$,观察罗尔定理的几何意义.

解 因 $f(0)=f(1)=f(2)=0$,由罗尔定理得,存在 $x_1 \in (0,1)$,$x_2 \in (1,2)$,使得 $f(x_1)=f(x_1)=0$.

(1)画出 $y=f(x)$ 的图形,并求出 x_1,x_2.

输入:`f[x_]:=x(x-1)(x-2);`

Plot[f[x],{x,−1,3}]
Plot[f'[x],{x,−1,3}]
NSolve[D[f[x],x]==0,x]

结果如图 3-2 所示.

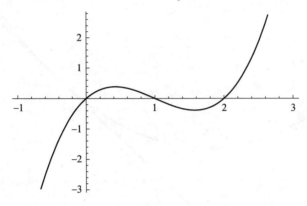

图 3-2

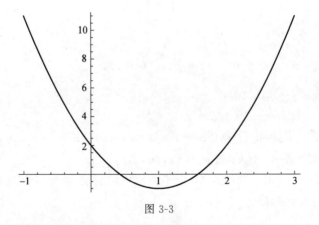

图 3-3

$f'(x)=0$ 的解为

$$\{\{x\to 0.42265\},\{x\to 1.57735\}\}$$

(2)画出 $y=f(x)$ 及其在 x_1,x_2 处的切线.

输入:g1[x_]:=f[0.42265]

g2[x_]:=f[1.57735]

Plot[{f[x],g1[x],g2[x]},{x,−1,3}]

结果如图 3-4 所示.

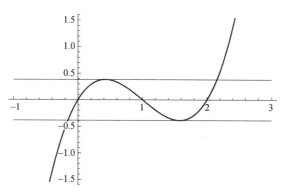

图 3-4

例9 对函数 $f(x)=\ln(1+x)$，在区间 $[0,4]$ 中观察拉格朗日中值定理的几何意义.

解 (1)画出 $y=f(x)$ 及其左、右端点连线的图形.

输入：f[x_]:=Log[1+x]
　　　g[x_]:=f[0]+(f[4]-f[0])*(x-0)/(4-0)
　　　Plot[{f[x],g[x]},{x,0,4}]

结果如图 3-5 所示.

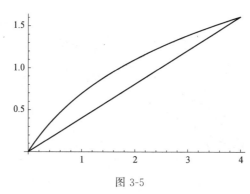

图 3-5

(2)求出点 ξ 的坐标.

输入：Plot[f'[x]-(f[4]-f[0])/(4-0),{x,0,4}]
　　　NSolve[f'[x]==(f[4]-f[0])/(4-0),x]

结果：$y=f'(x)-(f(4)-f(0))/(4-0)$ 的曲线如图 3-6 所示.

点 ξ 的坐标，即方程 $f'(x)=(f(4)-f(0))/(4-0)$ 的解为

$$\{\{x\to 1.48534\}\}$$

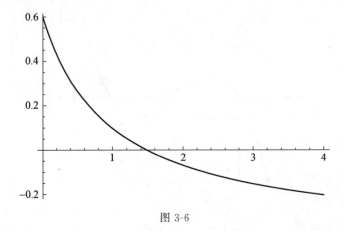

图 3-6

(3) 画出 $y=f(x)$,它在 ξ 处的切线及它在左、右端点连线的图形.

输入：x1 = 1.48534;

  h[x_]:=f[x1]+f'[x1](x－x1)

  Plot[{f[x],g[x],h[x]},{x,0,4}]

结果如图 3-7 所示.

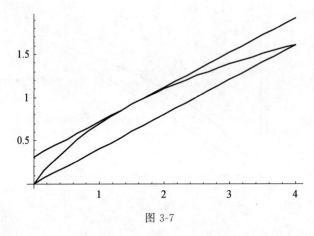

图 3-7

四、泰勒展开

现在通过 Mathematica 求出函数的各次泰勒公式和泰勒多项式,并作出图形,以使大家对于用泰勒多项式逼近函数有一个直观的看法.

1. 将函数 $f(x)$ 在原点处进行不同阶的泰勒展开

现在通过将函数 $f(x)$ 在原点处进行不同阶的泰勒展开,观察展开阶数对逼近效果的影响.

例 10 对于函数 $y = \sin x$:

(1) 在点 x=0 处分别进行 1,3,5,7,9 阶泰勒展开;

(2) 在区间 $[-0.5, 0.5]$ 内作出该函数及其各阶泰勒多项式的图形;

(3) 在区间 $[-2\pi, 2\pi]$ 内作出该函数及其各阶泰勒多项式的图形.

解 (1) 分别输入:p1=Series[Sin[x],{x,0,1}]

p3=Series[Sin[x],{x,0,3}]

p5=Series[Sin[x],{x,0,5}]

p7=Series[Sin[x],{x,0,7}]

p9=Series[Sin[x],{x,0,9}]

得 $y = \sin x$ 带皮亚诺型余项的各阶泰勒展开式分别如下:

x+O[x]^2

$\dfrac{x-x^3}{6} +$O[x]^4

$x - \dfrac{x^3}{6} + \dfrac{x^5}{120} +$O[x]^6

$x - \dfrac{x^3}{6} + \dfrac{x^5}{120} - \dfrac{x^7}{5040} +$O[x]^8

$x - \dfrac{x^3}{6} + \dfrac{x^5}{120} - \dfrac{x^7}{5040} + \dfrac{x^9}{362880} +$O[x]^{10}

以上得到的展开式多项式部分后有一无穷小项,无法直接绘制图形,必须先用 Normal 函数去掉展开式后无穷小项.

输入:pp1=Normal[p1]

pp3=Normal[p3]

pp5=Normal[p5]

pp7=Normal[p7]

pp9=Normal[p9]

得 $y = \sin x$ 的各阶泰勒多项式:

x

$x - \dfrac{x^3}{6}$

$x - \dfrac{x^3}{6} + \dfrac{x^5}{120}$

$$x - \frac{x^3}{6} + \frac{x^5}{120} - \frac{x^7}{5040}$$

$$x - \frac{x^3}{6} + \frac{x^5}{120} - \frac{x^7}{5040} + \frac{x^9}{362880}$$

(2)分别用黑、红、绿、蓝、紫、浅蓝色将 $y = \sin x$ 及其在点 x=0 处的 1,3,5,7,9 阶泰勒多项式画在同一图中,取 $x \in [-0.5, 0.5]$.

输入:

Plot[{Sin[x],Evaluate[pp1],Evaluate[pp3],Evaluate[pp5],Evaluate[pp7],Evaluate[pp9],},{x,-0.5,0.5},PlotStyle->{ RGBColor[1,0,0],RGBColor[0,1,0],RGBColor[0,0,1],RGBcolor[1,0,1],RGBColor[0,1,1]}]

结果如图 3-8 所示.

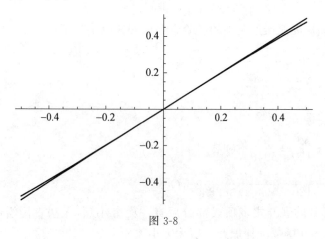

图 3-8

从图 3-8 中可以看出,所有的函数在 0 点附近都和 $\sin x$ 非常接近.

(3)分别用黑、红、绿、蓝、紫、浅蓝色将 $y = \sin x$ 及其在点 x=0 处的 1,3,5,7,9 阶泰勒多项式画在同一图中,取 $x \in [-2\pi, 2\pi]$.

输入:Plot[{Sin[x],Evaluate[pp1],Evaluate[pp3],Evaluate[pp5],Evaluate[pp7],Evaluate[pp9],},{x,-2Pi,2Pi},PlotStyle->{ RGBColor[1,0,0],RGBColor[0,1,0],RGBColor[0,0,1],RGBColor[1,0,1],RGBColor[0,1,1]}]

结果如图 3-9 所示.

从图 3-9 中可以看出,展开式在点 x=0 处随展开阶数的增加而更像 $\sin x$.

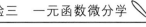

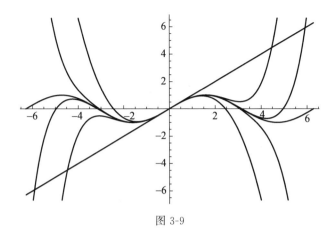

图 3-9

2. 将函数 $f(x)$ 在不同点处进行泰勒展开

例 11 对于函数 $y = \sin x$：

(1) 分别在 $x_0 = \dfrac{\pi}{2}, x_0 = 5$ 处进行 5 阶泰勒展开；

(2) 在区间 $[-3\pi, 3\pi]$ 内作出该函数及其在 $x_0 = \dfrac{\pi}{2}, x_0 = 5$ 处的 5 阶泰勒多项式的图形.

解 (1) 输入：p51＝Series[Sin[x],{x,Pi/2,5}]
　　　　　　p52＝Series[Sin[x],{x,5,5}]
　　　　　　pp51＝Normal[p51]
　　　　　　pp52＝Normal[p52]

得 $y = \sin x$ 在 $x_0 = \dfrac{\pi}{2}, x_0 = 5$ 处的 5 阶泰勒多项式分别为

$1 - 1/2\,(-(\pi/2) + x)^2 + 1/24\,(-(\pi/2) + x)^4$

和 $(-5 + x)\text{Cos}[5] - 1/6\,(-5 + x)^3\,\text{Cos}[5] + 1/120\,(-5 + x)^5\,\text{Cos}[5] + \text{Sin}[5] - 1/2\,(-5 + x)^2\,\text{Sin}[5] + 1/24\,(-5 + x)^4\,\text{Sin}[5]$

分别用黑、红、绿色将 $\sin x$ 及其在 $x_0 = \dfrac{\pi}{2}, x_0 = 5$ 处的 5 阶泰勒多项式画在同一图中，取 $x \in [-3\pi, 3\pi]$.

Plot[{Sin[x],Evaluate[pp51],Evaluate[pp52]},{x,－3Pi,3Pi},
PlotStyle－>{RGBColor[0,0,0],RGBColor[1,0,0],RGBColor[0,1,0]}]

结果如图 3-10 所示.

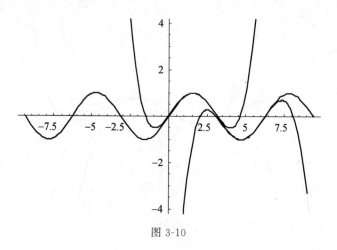

图 3-10

【实验练习】

1. $y = \cos x$,求 $y'(0)$.

2. 求曲线 $y = \cos x$ 上点 $\left(\dfrac{\pi}{3}, \dfrac{1}{2}\right)$ 处的切线方程和法线方程.

3. 验证函数 $f(x) = x^3$ 在区间 $[1,4]$ 上满足拉格朗日中值定理.

实验四　一元函数积分学

【实验类型】

验证性.

【实验目的】

(1)通过使用 Mathematica 的一些基本功能,理解和掌握一元函数积分的相关基本概念及其相应的计算方法.

(2)会用 Mathematica 计算一元函数积分等应用问题,加深对定积分概念的理解.

【实验内容】

(1)使用 Mathematica 掌握定积分的计算方法.
(2)使用 Mathematica 掌握不定积分的计算方法.
(3)使用 Mathematica 掌握数值积分的计算方法.

【实验原理】

一、定积分的定义

一个函数在给定的区间上对于任意的分划,对于小区间上任意的取点,如果当分划的最大长度趋近于 0 时,它的黎曼和存在极限,此极限即为一个函数在一个指定区间上的定积分.

二、使用矩形法求定积分

定积分 $\int_a^b f(x)\mathrm{d}x$ 的几何意义是由 $y=f(x),y=0,x=a,x=b$ 围成的曲边梯形的面积(代数和),为计算曲边梯形的面积,采用分割、近似、求和、取极限的方法.

1. 分割

在区间 $[a,b]$ 中任意插入若干个分点
$$a=x_0<x_1<x_2<\cdots<x_{n-1}<x_n=b,$$
把 $[a,b]$ 分成 n 个小区间 $[x_i,x_{i+1}](i=0,1,2,\cdots,n-1)$,它们的长度分别为
$$\Delta x_i=x_i-x_{i-1} \quad (i=1,2,\cdots,n).$$

2. 近似

经过每一个分点 x_i,作垂直于 x 轴的直线段,将大曲边梯形分成 n 个小曲边梯形,其中第 i 个面积记为 $\Delta A_i(i=1,2,\cdots,n)$. 在每个小区间 $[x_i,x_{i+1}]$ 上任意取一点 ξ_i,用底长为 $\Delta x_i=x_i-x_{i-1}$,高为 $f(\xi_i)$ 的矩形面积代替 ΔA_i,即 $\Delta A_i \approx f(\xi_i)\Delta x_i$. 在实验中,$\xi_i$ 可以取小区间的端点 x_i,x_{i-1} 及中点 $(x_i+x_{i-1})/2$.

3. 求和

记曲边梯形的面积为 A,将小矩形的面积相加,得到 A 的近似值,即
$$A \approx \sum_{i=1}^n f(\xi_i)\Delta x_i.$$

4. 取极限

令 $\lambda=\max\limits_{1\leqslant i\leqslant n}\{\Delta x_i\}\to 0$,当 $f(x)$ 是连续函数时,上式极限必存在,此极限就是定积分 $\int_a^b f(x)\mathrm{d}x$. 实验时,可取 n 逐渐增大,当 n 较大时,就得到积分近似值. 此外还可以用梯形法求定积分的值.

三、原函数存在定理

一个区间 $[a,b]$ 上的连续函数 $f(x)$ 都存在原函数 $F(x)$,使 $F'(x)=f(x)$.

四、变上限函数求导

若函数 $f(x)$ 在 $[a,b]$ 上连续，则 $\dfrac{\mathrm{d}}{\mathrm{d}x}\displaystyle\int_0^x f(t)\mathrm{d}t = f(x).$

五、微积分基本定理

设函数 $f(x)$ 在 $[a,b]$ 上连续，且 $F(x)$ 是 $f(x)$ 的一个原函数，则有牛顿-莱布尼茨公式

$$\int_a^b f(x)\mathrm{d}x = F(b) - F(a).$$

【实验使用的 Mathematica 函数】

本实验涉及的 Mathematica 基本命令如表 4-1 所示.

表 4-1

Mathematica 命令	含 义
Integrate[f, x]	$\int f(x)\mathrm{d}x$
Integrate[f, {x, a, b}]	$\int_a^b f(x)\mathrm{d}x$
NIntegrate[f, {x, a, b}] 或 N[Integrate[f, {x, a, b}]]	$\int_a^b f(x)\mathrm{d}x$ 的数值积分

【实验指导】

例 1 计算下列不定积分：

(1) $\displaystyle\int \dfrac{1}{x^2\sqrt{2x^2-2x+1}}\mathrm{d}x;$ (2) $\displaystyle\int x\arctan x\,\mathrm{d}x;$

(3) $\displaystyle\int \dfrac{1+\sin x}{\sin x(1+\cos x)}\mathrm{d}x;$ (4) $\displaystyle\int f''(x)\mathrm{d}x;$

(5) $\int \dfrac{\sqrt{x-1}}{x}\mathrm{d}x$.

解 (1)输入：Integrate[1/(x^2*Sqrt[2*x^2−2*x+1]),x]

结果：$-\dfrac{\sqrt{1-2\mathrm{x}+2\mathrm{x}^2}}{\mathrm{x}}+\log[\mathrm{x}]-\log[1-\mathrm{x}+\sqrt{1-2\mathrm{x}+2\mathrm{x}^2}]$

(2)输入：Integrate[x*ArcTan[x],x]

结果：$-\dfrac{\mathrm{x}}{2}+\dfrac{\mathrm{ArcTan}[\mathrm{x}]}{2}+\dfrac{1}{2}\mathrm{x}^2\mathrm{ArcTan}[\mathrm{x}]$

(3)输入：Integrate[(1+Sin[x])/(Sin[x]+Sin[x]*Cos[x]),x];
　　　　Simplify[%]

结果：$\dfrac{1}{2+2\mathrm{Cos}[\mathrm{x}]}(1-\mathrm{Log}\left[\mathrm{Cos}\left[\dfrac{\mathrm{x}}{2}\right]\right]-\mathrm{Cos}[\mathrm{x}]\mathrm{Log}\left[\mathrm{Cos}\left[\dfrac{\mathrm{x}}{2}\right]\right]+$

$\mathrm{Log}\left[\mathrm{Sin}\left[\dfrac{\mathrm{x}}{2}\right]\right]+\mathrm{Cos}[\mathrm{x}]\mathrm{Log}\left[\mathrm{Sin}\left[\dfrac{\mathrm{x}}{2}\right]\right]+2\mathrm{Sin}[\mathrm{x}])$

(4)输入：Integrate[f″[x],x]

结果：f′[x]

(5)输入：Integrate[Sqrt[x−1]/x,x]

结果：$2\sqrt{-1+\mathrm{x}}-2\mathrm{ArcTan}[\sqrt{-1+\mathrm{x}}]$

例2 计算下列定积分：

(1) $\int_0^4 \dfrac{x+2}{\sqrt{2x+1}}\mathrm{d}x$; 　　　　(2) $\int_0^1 e^{\sqrt{x}}\mathrm{d}x$;

(3) $\int_0^{\frac{\pi}{2}}(\sin x)^n \mathrm{d}x$; 　　　　(4) $\int_a^b f''(x)f'(x)\mathrm{d}x$.

解 (1)输入：Integrate[(x+2)/Sqrt[2*x+1],{x,0,4}]

结果：$\dfrac{22}{3}$

(2)输入：Integrate[Exp[Sqrt[x]],{x,0,1}]

结果：2

(3)输入：Integrate[Sin[x]^n,{x,0,pi/2}]

结果：$\dfrac{\sqrt{\pi}\,\mathrm{Gamma}\left[\dfrac{1+\mathrm{n}}{2}\right]}{\mathrm{nGamma}\left[\dfrac{\mathrm{n}}{2}\right]}$

Hypergeometric2F1[1/2,(1−n)/2,3/2,Cos[pi/2]^2],Re[n]>−1&&Sin[pi/2]⩾0]

(4)输入:Integrate[f″[x]f′[x],{x,a,b}]

结果:$-\frac{1}{2}\mathrm{f}'[\mathrm{a}]^2+\frac{1}{2}\mathrm{f}'[\mathrm{b}]^2$

例 3 画出变上限函数 $f_1(x)=\int_0^x t\cdot\mathrm{e}^{t^2}\mathrm{d}t$ 以及函数 $f_2(x)=x\cdot\mathrm{e}^{x^2}$ 的图形.

解 输入:f1[x_] := Integrate[t * Exp[t^2],{t,0,x}]
　　　　f2[x_] := x * Exp[x^2]
　　　　g1 = Plot[f1[x],{x,0,3},PlotStyle -> {RGBColor[1,0,0]}]
　　　　g2 = Plot[f2[x],{x,0,3},PlotStyle -> {RGBColor[0,0,1]}]
　　　　Show[g1,g2]

结果如图 4-1 所示.

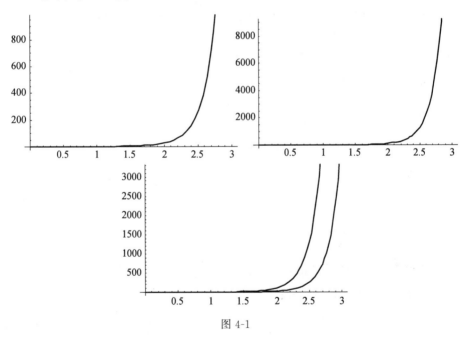

图 4-1

例 4 求变上限函数的导数 $\frac{\mathrm{d}}{\mathrm{d}x}\int_0^{x^3}\sqrt{1+t^2}\,\mathrm{d}t$.

解 输入:D[Integrate[Sqrt[1+t^2],{t,0,x^3}],x]

结果:$\frac{1}{2}\left[\frac{3(x^2+x^8)}{\sqrt{1+x^6}}+3x^2\sqrt{1+x^6}\right]$

例5 计算变上限函数的极限 $\lim\limits_{x\to 0}\dfrac{\int_0^{x^2}\sin t\,\mathrm{d}t}{x^4}$.

解 输入:Limit[Integrate[Sin[t],{t,0,x^2}]/(x^4),x—>0]

结果:$\dfrac{1}{2}$

例6 计算积分限为无穷的广义积分:

(1) $\int_1^{+\infty}\dfrac{1}{x^2}\mathrm{d}x$;   (2) $\int_1^{+\infty}\dfrac{1}{\sqrt{x}}\mathrm{d}x$.

解 (1)输入:Integrate[1/x^2,{x,1,Infinity}]

结果:1

(2)输入:Integrate[1/Sqrt[x],{x,1,Infinity}]

结果:Integrate::idiv:Integral of $\dfrac{1}{\sqrt{x}}$ does not converge on $\{1,\infty\}$

此结果说明广义积分 $\int_1^{+\infty}\dfrac{1}{\sqrt{x}}\mathrm{d}x$ 是发散的.

例7 计算函数有无穷型间断点的广义积分:

(1) $\int_0^1\dfrac{x^3}{\sqrt{1-x^2}}\mathrm{d}x$;   (2) $\int_0^2\dfrac{1}{1-x}\mathrm{d}x$.

解 (1)输入:Integrate[x^3/ Sqrt[1-x^2],{x,0,1}]

结果:$\dfrac{2}{3}$

(2)输入:Integrate[1/(1-x),{x,0,2}]

结果:Integrate::idiv:Integral of $\dfrac{1}{1-x}$ does not converge on $\{0,2\}$

此结果说明广义积分 $\int_0^2\dfrac{1}{1-x}\mathrm{d}x$ 是发散的.

例8 计算下列数值积分:

(1) $\int_0^1\dfrac{\sin x}{x}\mathrm{d}x$;   (2) $\int_0^{+\infty}x^{3.2}\mathrm{e}^{-x}\mathrm{d}x$;   (3) $\int_0^1\mathrm{e}^{x^2}\mathrm{d}x$.

解 (1)输入:NIntegrate[Sin[x]/x,{x,0,1}]

结果:0.946083

(2)输入:NIntegrate[x^3.2 * Exp[-x],{x,0,Infinity}]

结果:7.75669

(3)输入:NIntegrate[Exp[x^2],{x,0,1}]

结果:1.46265

【实验练习】

一、基础实验

1. 计算不定积分：

(1) $\displaystyle\int \frac{1}{\sqrt{1-x^2}\,\arcsin^2 x}\,\mathrm{d}x$；

(2) $\displaystyle\int \frac{1}{\sqrt{(1+x^2)^3}}\,\mathrm{d}x$；

(3) $\displaystyle\int x^2\cos\left(\frac{x}{2}\right)^2\,\mathrm{d}x$；

(4) $\displaystyle\int \frac{\ln x^3}{x^2}\,\mathrm{d}x$；

(5) $\displaystyle\int \cos(\ln x)\,\mathrm{d}x$.

2. 计算定积分：

(1) $\displaystyle\int_0^{\sqrt{2}a} \frac{x}{\sqrt{3a^2-x^2}}\,\mathrm{d}x$；

(2) $\displaystyle\int_1^4 \frac{\ln x}{\sqrt{x}}\,\mathrm{d}x$；

(3) $\displaystyle\int_0^1 x\arctan x\,\mathrm{d}x$；

(4) $\displaystyle\int_1^2 x\log_2 x\,\mathrm{d}x$；

(5) $\displaystyle\int_0^{\pi} (x\sin x)^2\,\mathrm{d}x$；

(6) $\displaystyle\int_1^{\mathrm{e}} \sin(\ln x)\,\mathrm{d}x$.

3. 计算广义积分：

(1) $\displaystyle\int_1^2 \frac{x}{\sqrt{x-1}}\,\mathrm{d}x$；

(2) $\displaystyle\int_1^{\mathrm{e}} \frac{1}{x\,\sqrt{1-\ln x^2}}\,\mathrm{d}x$；

(3) $\displaystyle\int_0^{+\infty} \mathrm{e}^{-ax}\,\mathrm{d}x$；

(4) $\displaystyle\int_0^2 \frac{1}{\sqrt{|x^2-1|}}\,\mathrm{d}x$；

(5) $\displaystyle\int_2^{+\infty} x\mathrm{e}^{-(x-2)^2}\,\mathrm{d}x$.

4. 求出下列极限：

(1) $\displaystyle\lim_{x\to 0} \frac{\int_0^x \cos t^2\,\mathrm{d}t}{x}$；

(2) $\displaystyle\lim_{x\to 0} \frac{\int_0^{x^2} \frac{t}{\sqrt{a+t}}\,\mathrm{d}t}{x^4}$.

实验五　微分方程

【实验类型】

验证性.

【实验目的】

(1) 学会用 Mathematica 求解常微分方程的分析解和数值解.
(2) 理解积分曲线的含义.

【实验内容】

(1) 使用 Mathematica 计算常微分方程的分析解,并画出积分曲线图.
(2) 使用 Mathematica 计算常微分方程的数值解,并画图.

【实验原理】

(1) 未知函数是一元函数的微分方程叫作常微分方程,其解析形式的解称为分析解.

(2) 只有某些特殊类型的微分方程有分析解,因此,求微分方程数值解即近似解是非常重要的.

对于常微分方程 $\begin{cases} y' = f(x,y), \\ y(x_0) = y_0, \end{cases}$ 其数值解是指由初始点 x_0 开始的若干离

散的 x 值处,即对 $x_0 < x_1 < x_2 < \cdots < x_n$,求出准确值 $y(x_1), y(x_2), \cdots, y(x_n)$ 的相应近似值 $y_1, y_2, \cdots, y_n$.

常用的求微分方程数值解的方法:

① 用差商代替导数.

若步长 h 较小,则有

$$y'(x) \approx \frac{y(x+h) - y(x)}{h},$$

故有公式

$$\begin{cases} y_{i+1} = y_i + hf(x_i, y_i), \\ y_0 = y(x_0), \end{cases} i = 0, 1, 2, \cdots, n-i,$$

此方法称为欧拉法.

② 使用数值微积分.

对方程 $y' = f(x, y)$,两边由 x_i 到 x_{i+1} 积分,并利用梯形公式,有

$$y(x_{i+1}) - y(x_i) = \int_{x_i}^{x_{i+1}} f(t, y(t)) dt$$

$$\approx \frac{x_{i+1} - x_i}{2} [f(x_i, y(x_i)) + f(x_{i+1}, y(x_{i+1}))]$$

故有公式

$$\begin{cases} y_{i+1} = y_i + \frac{h}{2} [f(x_i, y_i) + f(x_{i+1}, y_{i+1})], \\ y_0 = y(x_0). \end{cases}$$

在实际应用时,与欧拉公式结合使用,即

$$\begin{cases} y_{i+1}^{(0)} = y_i + hf(x_i, y_i), \\ y_{i+1}^{(k+1)} = y_i + \frac{h}{2} [f(x_i, y_i) + f(x_{i+1}, y_{i+1}^{(k)})], \end{cases} k = 0, 1, 2, \cdots.$$

对于已给的精度 ε,当满足 $|y_{i+1}^{(k+1)} - y_{i+1}^{(k)}| < \varepsilon$ 时,取 $y_{i+1} = y_{i+1}^{(k+1)}$,然后继续下一步 y_{i+2} 的计算.此方法即改进的欧拉法.

③ 使用泰勒公式.

以此方法为基础,有龙格-库塔法、线性多步法等方法.

(3) 一阶微分方程通解的几何意义是以常数 C 为参数的曲线族,其中每一条曲线叫作微分方程的积分曲线.二阶微分方程通解的几何意义是以常数 C_1, C_2 为参数的曲线族.

【实验使用的 Mathematica 函数】

本实验涉及的 Mathematica 基本命令如表 5-1 所示.

表 5-1

Mathematica 命令	含 义
DSolve[eqn,y[x],x]	求微分方程的通解
DSolve[{eqn1,eqn2,⋯},{y1[x],⋯},{x1,⋯}]	求微分方程组的通解
DSolve[eqn,cond1,cond2,⋯,y[x],x]	求微分方程的特解
NDSolve[{eqn,cond1,cond2,⋯},y,{x,xmin,xmax}]	求微分方程组的特解
NDSolve[{eqn,cond1,cond2,⋯},y,{x,xmin,xmax}]	求微分方程的数值解
NDSolve[{eqn1,eqn2,⋯,cond1,cond2,⋯},{y1,y2,⋯},{x,xmin,xmax}]	求微分方程组的数值解

【实验指导】

例1 求下列微分方程的通解,并画出积分曲线：
(1) $y'=2xy$;   (2) $x\mathrm{d}y - y\ln y\mathrm{d}x = 0$.

解 (1) 第一步：解方程.
输入：DSolve[y'[x]==2*x*y[x],y[x],x]
得微分方程的通解为
$$y = Ce^{x^2}.$$
第二步：画积分曲线.
输入：Pic=Table[Plot[C*E^(x^2),{x,-3,3},DisplayFunction->Identity],{C,-7,7,1}]
      Show[Pic,DisplayFunction->$DisplayFunction]
其中,DisplayFunction->Identity 表示不产生图形显示；{C,-7,7,1}

表示 C 从 -7 到 7 每增加 1 取一个值;DisplayFunction—>\$DisplayFunction 表示回到图形显示的缺省功能.

积分曲线如图 5-1 所示.

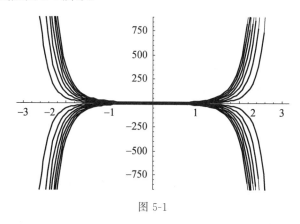

图 5-1

(2)(方法一)第一步:将 x 作为自变量,解方程.

输入:DSolve[x*y′[x]-y[x]*Log[y[x]]==0,y[x],x]

得微分方程的通解为

$$y=e^{Cx}.$$

第二步:画积分曲线.

输入:Pic=Table[Plot[E^(C*x),{x,-1,1},DisplayFunction—>Identity],{C,-5,5,1}]

　　Show[Pic,DisplayFunction—>\$DisplayFunction]

积分曲线如图 5-2 所示.

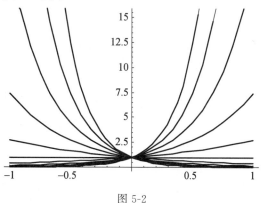

图 5-2

(方法二)将 y 作为自变量,解方程.

输入:DSolve[x[y]−y*Log[y]*x′[y]==0,x[y],y]

得微分方程的通解为
$$x = C\ln y.$$

例 2 求微分方程 $xy' = y\ln\dfrac{y}{x}$ 的通解.

解 (方法一)输入:DSolve[x*y′[x]==y[x]*Log[y[x]/x],y[x],x]

(方法二)令 $u = \dfrac{y}{x}$,则
$$\frac{\mathrm{d}y}{\mathrm{d}x} = x\frac{\mathrm{d}u}{\mathrm{d}x} + u.$$

原方程化为可分离变量方程,即
$$\frac{\mathrm{d}u}{\mathrm{d}x} = \frac{u(\ln u - 1)}{x}.$$

输入:DSolve[u′[x]==u[x]*(Log[u[x]]−1)/x,u[x],x]

由两种解法均解得微分方程的通解为
$$y = x\mathrm{e}^{Cx+1}.$$

例 3 求微分方程 $y' - \dfrac{2y}{x+1} = (x+1)^{\frac{5}{2}}$ 的通解.

解 输入:DSolve[y′[x]−2*y[x]/(x+1)==(x+1)^(5/2),y[x],x]

得微分方程的通解为
$$y = C(1+x)^2 + \frac{2}{3}(1+x)^{\frac{7}{2}}.$$

例 4 求伯努利方程 $\dfrac{\mathrm{d}y}{\mathrm{d}x} + y = y^2(\cos x - \sin x)$ 满足初始条件 $y(0)=1$ 的特解,并画出积分曲线.

解 (1)解方程.

输入:DSolve[{y′[x]+y[x]==(y[x]^2)*(Cos[x]−Sin[x]),y[0]==1},y[x],x]

得特解为
$$y = -\frac{1}{\mathrm{e}^x + \sin x}.$$

(2)画积分曲线.

输入:Plot[Evaluate[y[x]/.%],{x,-9,9}]

积分曲线如图 5-3 所示.

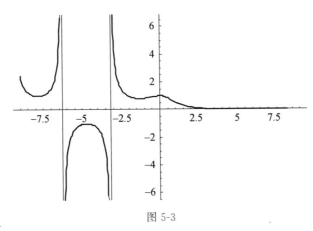

图 5-3

例 5 (1)求微分方程 $x\mathrm{d}x-y\mathrm{d}y=0$ 的通解;

(2)求微分方程 $(x^2-y)\mathrm{d}x-x\mathrm{d}y=0$ 的通解;

(3)求微分方程 $y\mathrm{d}x-x\mathrm{d}y=0$ 的通解.

解 (1)(方法一)将 x 作为自变量.

输入:DSolve[x-y[x]*y'[x]==0,y[x],x]

结果:{{y[x]→-$\sqrt{x^2+C[1]}$},{y[x]→$\sqrt{x^2+C[1]}$}}

(方法二)将 y 作为自变量.

输入:DSolve[y-x[y]*x'[y]==0,x[y],y]

结果:{{x[y]→-$\sqrt{y^2+C[1]}$},{x[y]→$\sqrt{y^2+C[1]}$}}

(方法三)直接积分.

输入:Integrate[x,{x,1,x}]-Integrate[y,{y,1,y}]==C1

结果:$\frac{x^2}{2}-\frac{y^2}{2}=C1$

(2)输入:DSolve[(x^2-y[x])-x*y'[x]==0,y[x],x]

结果:$y=\frac{x^2}{3}-\frac{C}{x}$

(3)此题原不是全微分方程,但原方程两边同时乘以积分因子 $\frac{1}{xy}$,原方程可化为全微分方程 $\frac{y\mathrm{d}x-x\mathrm{d}y}{xy}=0$,从而直接积分.

输入:Integrate[1/t,{t,1,y}]− Integrate[1/t,{t,1,x}]==C
结果:log[x]−log[y]=C

这说明,有时要将微分方程先作一些变换,再用 Mathematica 求解.

例6 求解微分方程 $y''=2x+e^x$,并画出其积分曲线.

解 解方程:

输入:DSolve[y″[x]==2*x+Exp[x],y[x],x]

得微分方程的通解为

$$y=C_1+C_2x+e^x+\frac{x^3}{3}.$$

画积分曲线:

  Pic=Table[Plot[Exp[x]+x^3/3+C1+C2*x,{x,−5,5},
DisplayFunction−>Identity],{C1,−10,10,5},{C2,−5,5,5}]

  Show[Pic,DisplayFunction−>$DisplayFunction]

则输出积分曲线的图形如图 5-4 所示.

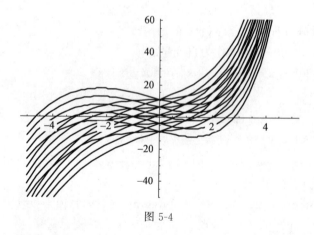

图 5-4

例7 求微分方程 $yy''-(y')^2=0$ 的通解.

解 (方法一)输入:DSolve[y[x]*y″[x]−y′[x]^2==0,y[x],x]

(方法二)令 $p=y'$,原方程化为关于 y 的一阶微分方程,即

$$y\frac{dp}{dy}-p=0.$$

解方程:

输入:DSolve[y*p'[x]−p[y]==0,p[y],y]

得
$$y'=P(y)=Cy.$$

再解上式.

输入:DSolve[y'[x]==C*y[x],y[x],x]

两种方法均解得微分方程的通解为
$$y=C_2 e^{C_1 x}.$$

例 8 求方程 $(1+x^2)y''=2xy'$ 满足初始条件 $y(0)=1, y'(0)=3$ 的特解.

解 （方法一）

输入:DSolve[{(1+x^2)*y''[x]==2*x*y'[x],y[0]==1,y'[0]==3},y[x],x]

（方法二）令 $p=y'$，原方程化为一阶方程，即
$$(1+x^2)p'=2xp.$$

解上述方程.

输入:DSolve[{(1+x^2)*p'[x]==2*x*p[x],P[0]==3},p[x],x]

得
$$y'=p(x)=3(1+x^2).$$

再解上式.

输入:DSolve[{y'[x]==3*(1+x^2),y[0]==1},y[x],x]

两种方法均解得微分方程的特解为
$$y=3x+x^3+1.$$

例 9 求齐次微分方程的解.

(1) 求方程 $y''-2y'-3y=0$ 的通解；

(2) 求方程 $y'''-2y''+5y'=0$ 满足初始条件的特解.

解 （1）输入:DSolve[y''[x]−2*y'[x]−3*y[x]==0,y[x],x]

得微分方程的通解为
$$y=C_1 e^{-x}+C_2 e^{3x}.$$

（2）输入:DSolve[{y'''[x]−2*y''[x]+5*y'[x]==0,y[0]==0,y'[0]==1,y''[0]==2},y[x],x]

得微分方程的特解为

$$y = \frac{1}{2}e^x \sin 2x.$$

例 10 求非齐次微分方程的解.

(1) 求方程 $y'' - y = 4xe^x$ 满足初始条件 $y(0) = 0, y'(0) = 1$ 的解；

(2) 求解方程 $y'' + 4y = x\cos x$ 的通解.

解 (1) 输入：DSolve[{y''[x] − y[x] == 4 * x * Exp[x], y[0] == 0, y'[0] == 1}, y[x], x]

得微分方程的特解为

$$y = e^x - e^{-x} + e^x(x^2 - x).$$

(2) 输入：DSolve[y''[x] + 4 * y[x] == x * Cos[x], y[x], x]

结果：

$$\left\{\left\{y[x] \to C[2]\cos[2x] - C[1]\sin[2x] + \frac{1}{2}\cos[2x]\right.\right.$$
$$\left(\frac{1}{2}(x\cos[x] - \sin[x]) + \frac{1}{2}\left(\frac{1}{3}x\cos[3x] - \frac{1}{9}\sin[3x]\right)\right) -$$
$$\frac{1}{2}\sin[2x]\left(\frac{1}{2}(-\cos[x] - x\sin[x]) + \right.$$
$$\left.\left.\left.\frac{1}{2}\left(-\frac{1}{9}\cos[3x] - \frac{1}{3}x\sin[3x]\right)\right)\right\}\right\}$$

例 11 求方程 $x^3 y''' + x^2 y'' - 4xy' = 3x^2$ 的通解.

解 输入：DSolve[x^3 * y'''[x] + x^2 * y''[x] − 4 * x * y'[x] == 3x^2, y[x], x]

得微分方程的通解为

$$y = C_1 + \frac{C_2}{x} + C_3 x^3 - \frac{1}{2}x^2.$$

例 12 求解微分方程组.

(1) $\begin{cases} z' = -y, \\ y' = -z; \end{cases}$

(2) $\begin{cases} 2\dfrac{dx}{dt} + \dfrac{dy}{dt} - 4x - y = e^t, x|_{t=0} = \dfrac{3}{2}, \\ \dfrac{dx}{dt} + 3x + y = 0, y|_{t=0} = 0. \end{cases}$

解 (1)输入:DSolve[{z′[x]==-y[x],y′[x]==-z[x]},{y[x],z[x]},x]

得
$$y=C_1 e^{-x}-C_2 e^x, \quad z=C_1 e^{-x}+C_2 e^x.$$

(2)输入:DSolve[{2*x′[t]+y′[t]-4*x[t]-y[t]==Exp[t],x[0]==3/2,x′[t]+3*x[t]+y[t]==0,y[0]==0},{x[t],y[t]},t]

得
$$x=(-e^t+4\cos t-8\sin t)/2, \quad y=2e^t-2\cos t+14\sin t.$$

例 13 求出下列初值问题的数值解,并画出图形.
$$\begin{cases} y''+y'\sin^2 x+y=\cos^2 x, \\ y(0)=1, y'=0. \end{cases}$$

解 (1)求数值解.

输入:NDSolve[{y″[x]+(Sin[x])^2*y′[x]+y[x]==(Cos[x])^2,y[0]==1,y′[0]==0},y,{x,0,10}]

结果:{{y→InterpolatingFunction[{{0.,10.}},<>]}}

(2)画积分曲线.

输入:Plot[Evaluate[y[x]/.%],{x,0,10}]

积分曲线如图 5-5 所示.

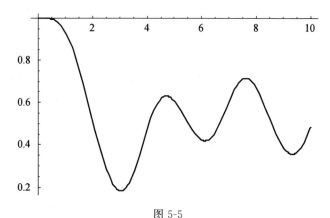

图 5-5

例 14 求下列初值问题在指定点处的数值解,精确到10^{-4}.

$$\begin{cases} \dfrac{\mathrm{d}y}{\mathrm{d}x}=3x+y^2, \\ y(0)=1, \end{cases} \text{在 } x=0.1 \text{ 处}(h=0.02).$$

解 (1)求数值解.

输入:NDSolve[{y'[x]==3*x+y[x]^2,y[0]==1},y,{x,0,0.2},AccuracyGoal->4,StartingStepSize->0.02]

其中,AccuracyGoal -> 4 表示精确度为10^{-4};StartingStepSize -> 0.02 表示 x 的步长为 0.02.

结果:{{y->InterpolatingFunction[{{0.,0.2}},<>]}}

(2)求 $x=0.1$ 处 y 的近似值.

输入:y[0.01]/.%

结果:1.02049

【实验练习】

1.求下列一阶微分方程的通解,并画出积分曲线:

(1) $y'=\dfrac{x}{y\sqrt{1-x^2}}$;   (2) $y'=\dfrac{y}{x}+\sec\dfrac{y}{x}$;

(3) $y'+y=xe^x$;   (4) $\dfrac{2x}{y^3}\mathrm{d}x+\dfrac{y^2-3x^2}{y^4}\mathrm{d}y=0$.

2.求下列微分方程的通解,并画出积分曲线:

(1) $y''-6y'+8y=3x+1$;   (2) $y''+2y'+y=e^x+e^{-x}$;

(3) $y''+y=\cos 3x\cos x$;   (4) $x^2y''-4xy'+6y=x$.

3.求下列微分方程满足初始条件的特解,并画出积分曲线:

(1) $xy'+y=\sin x, y(\pi)=1$;

(2) $y''+2y'+10y=0, y(0)=1, y'(0)=2$.

4.求下列初值问题在指定点的数值解,精确到10^{-4},并画出图形:

$$\begin{cases} \dfrac{\mathrm{d}y}{\mathrm{d}x}=x^2+y^2, \\ y(0)=1, \end{cases} \text{在 } x=0.5 \text{ 处}(h=0.1).$$

5.利用牛顿加热与冷却定律解决以下问题:

当一次谋杀发生后,尸体的温度从原来的 37 ℃ 开始变凉.假设两个小时后尸体温度变为 35 ℃,并且假定周围空气的温度保持 20 ℃ 不变.

(1) 求出自谋杀发生后尸体的温度是如何作为时间 t(以小时为单位)的函数而变化的.

(2) 画出温度-时间曲线.

(3) 最终尸体的温度将如何?

(4) 如果尸体被发现时的温度是 30 ℃,时间是下午 4 点整,问:谋杀是何时发生的?

牛顿加热与冷却定律:一块热的物体,其温度下降的速度是与其自身温度同外界温度的差值成正比的;一块冷的物体,其温度上升的速度是与外界温度同其自身温度的差值成正比的.

6.追击问题:

(1) 兔子从原点出发以速度 $v=1$ 沿 y 轴方向逃跑,同时狐狸从点 $(20,0)$ 出发以速度 $w=7$ 追捕兔子,狐狸的运动方向始终指向兔子.画出狐狸的追击路线,求出狐狸追上兔子的时间.

(2) 若兔子在平面上沿椭圆以速率 $v=1$ 逃跑,设椭圆方程为 $x=10+20\cos t, y=20+5\sin t$.同时狐狸从原点出发,以恒定速率 w 跑向兔子,狐狸的运动方向始终指向兔子.分别求出 $w=20, w=5$ 时兔子的运动轨迹.狐狸能否追上兔子?何时追上?

提示:设时刻 t 兔子的坐标为 $(X(t), Y(t))$,狐狸的坐标为 $(x(t), y(t))$,则

$$\left(\frac{dx}{dt}\right)^2 + \left(\frac{dy}{dt}\right)^2 = w^2.$$

由于狐狸的运动方向始终对准兔子,故狐狸的速度平行于兔子与狐狸位置的差向量,即

$$\begin{pmatrix} \dfrac{dx}{dt} \\ \dfrac{dy}{dt} \end{pmatrix} = \lambda \begin{pmatrix} X-x \\ Y-y \end{pmatrix}, \quad \lambda > 0,$$

消去 λ,得

$$\begin{cases} \dfrac{\mathrm{d}x}{\mathrm{d}t} = \dfrac{w}{\sqrt{(X-x)^2+(Y-y)^2}}(X-x), \\ \dfrac{\mathrm{d}y}{\mathrm{d}t} = \dfrac{w}{\sqrt{(X-x)^2+(Y-y)^2}}(Y-y). \end{cases}$$

问题(2)可用数值解的方法.

实验六　空间曲线与曲面的描绘

【实验类型】

验证性.

【实验目的】

(1)通过运用 Mathematica 的绘图语句或画图方法,观察空间曲线和空间曲面图形的特点.

【实验内容】

(1)空间曲线的绘制.
(2)空间曲面的绘制.

【实验原理】

(1)空间曲线的参数方程的形式为

$$\begin{cases} x=x(t), \\ y=y(t), \quad t\in[t_{\min},t_{\max}]. \\ z=z(t), \end{cases}$$

(2)空间曲面方程的一般形式为 $z=f(x,y)$,参数方程的形式为

$$\begin{cases} x=x(u,v), \\ y=y(u,v), \quad u\in[u_{\min},u_{\max}], \quad v\in[v_{\min},v_{\max}]. \\ z=z(u,v), \end{cases}$$

【实验使用的 Mathematica 函数】

本实验涉及的 Mathematica 基本命令如表 6-1 所示.

表 6-1

Mathematica 命令	含 义
ParametricPlot3D[{x[t], y[t], z[t]},{t,tmin,tmax},选项]	画参数方程 $\begin{cases} x=x(t), \\ y=y(t), t\in[t_{\min},t_{\max}] \\ z=z(t), \end{cases}$ 所确定的空间曲线
Plot3D[f[x,y],{x,xmin,xmax},{y,ymin,ymax},选项]	画一般式方程 $z=f(x,y)$ 所确定的曲面图形
ParametricPlot3D[{x[u,v], y[u,v], z[u,v]},{u,umin,umax},{v,vmin,vmax},选项]	画参数方程 $\begin{cases} x=x(u,v), \\ y=y(u,v), u\in[u_{\min},u_{\max}], v\in \\ z=z(u,v), \end{cases}$ $[v_{\min},v_{\max}]$ 所确定的曲面图形

【实验指导】

一、空间曲线的绘制

绘制空间曲线时一般使用曲线的参数方程,Mathematica 命令如表 6-2 所示.

表 6-2

Mathematica 命令	含 义
ParametricPlot3D[{x[t], y[t], z[t]},{t,tmin,tmax},选项]	画参数方程 $\begin{cases} x=x(t), \\ y=y(t), t\in[t_{\min},t_{\max}] \\ z=z(t), \end{cases}$ 所确定的空间曲线

实验六 空间曲线与曲面的描绘

例1 绘制函数 $\begin{cases} x = \sin t, \\ y = 2\cos t, \\ z = \dfrac{t}{2}, \end{cases} t \in [0, 12]$ 的图形.

解 输入：ParametricPlot3D[{Sin[t],2 Cos[t],t/2},{t,0,12}]
结果如图 6-1 所示.

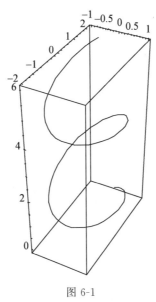

图 6-1

例2 画出旋转抛物面 $z = x^2 + y^2$ 与上半球面 $z = 1 + \sqrt{1 - x^2 - y^2}$ 交线的图形.

解 它们的交线为平面 $z = 1$ 上的圆 $x^2 + y^2 = 1$，化为参数方程，即

$$\begin{cases} x = \cos t, \\ y = \sin t, \quad t \in [0, 2\pi]. \\ z = 1, \end{cases}$$

下面的 Mathematica 命令就是画出它们的交线，并把它存在变量 P 中：
ParametricPlot3D[{Cos[t],Sin[t],1},{t,0,2*Pi}]
运行即得曲线如图 6-2 所示.

在这里说明一点：要画空间曲线的图形，必须先求出该曲线的参数方程. 如果曲线为一般式

$$\begin{cases} F(x, y, z) = 0, \\ G(x, y, z) = 0, \end{cases}$$

其在 xOy 面上的投影柱面的准线方程为 $H(x,y)=0$,可先将 $H(x,y)=0$ 化为参数方程 $\begin{cases} x=x(t), \\ y=y(t), \end{cases}$ 再代入 $G(x,y,z)=0$ 或 $F(x,y,z)=0$ 解出 $z=z(t)$ 即可.

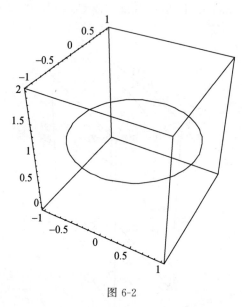

图 6-2

二、空间曲面的绘制

绘制空间曲面时一般使用曲面的参数方程,Mathematica 命令如表 6-3 所示.

表 6-3

Mathematica 命令	含 义
Plot3D[f[x,y],{x,xmin,xmax},{y,ymin,ymax},选项]	画一般式方程 $z=f(x,y)$ 所确定的曲面图形
ParametricPlot3D[{x[u,v],y[u,v],z[u,v]},{u,umin,umax},{v,vmin,vmax},选项]	画参数方程 $\begin{cases} x=x(u,v), \\ y=y(u,v), \\ z=z(u,v), \end{cases} u \in [u_{min}, u_{max}], v \in [v_{min}, v_{max}]$ 所确定的曲面图形

绘制三维图形(空间曲线、空间曲面)时,常用的选择项如表 6-4 所示.

表 6-4

选择项名称	缺省值	含 义
Axes	True	是否画坐标轴
AxesLabel	None	是否在坐标轴上加标注
Boxed	True	是否在曲面四周画立方体的盒子
Mesh	True	是否在曲面的表面上画上 X-Y 网格
PlotRange	Automatic	图中坐标的范围
Shading	True	阴影,表面是阴影还是留白
ViewPoint	{1.3,−2.4,2}	表面的空间观察点
PlotPoints	15	采样函数的点数

请通过下面的例子体会选择项的用法.

例 3 已知 $z = \cos(x+y)$,画出图形.

解 输入:Plot3D[Cos[x+y],{x,−Pi,Pi},{y,−Pi,Pi}]

结果如图 6-3 所示.

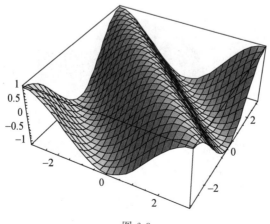

图 6-3

为美观起见，输入：

Plot3D[Cos[x+y],{x,-Pi,Pi},{y,-Pi,Pi},PlotPoints->45,Axes->False,Boxed->False]

结果如图 6-4 所示.

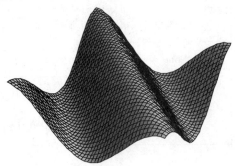

图 6-4

例 4 已知球面参数方程 $\begin{cases} x=\sin v\cos u, \\ y=\sin v\sin u, \\ z=\cos v, \end{cases} u\in[0,2\pi], v\in[0,\pi]$，画出图形.

解 输入：ParametricPlot3D[{Sin[v]*Cos[u],Sin[v]*Sin[u],Cos[v]},{u,0,2*Pi},{v,0,Pi}]

结果如图 6-5 所示.

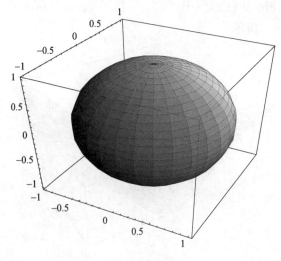

图 6-5

例5 已知方程 $\begin{cases} x = \mathrm{ch}\, t\cos\varphi, \\ y = \mathrm{ch}\, t\sin\varphi, \\ z = 2t, \end{cases} t \in [-2, 2], \varphi \in [0, 2\pi]$.

解 输入:ParametricPlot3D[{Cosh[t]*Cos[Phi],Cosh[t]*Sin[Phi], 2t},{t,-2,2},{Phi,0,2*Pi}]

结果如图6-6所示(单叶双曲面).

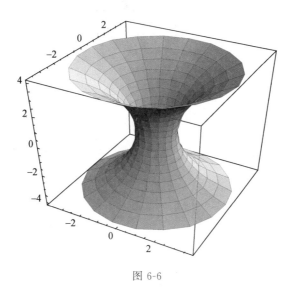

图 6-6

例6 画出马鞍面 $x^2 - y^2 = 2z$ 的图形.

解 作参数方程 $\begin{cases} x = x, \\ y = y, \\ z = \dfrac{x^2 - y^2}{2}. \end{cases}$

输入:ParametricPlot3D[{x,y,(x^2-y^2)/2},{x,-5,5},{y,-5,5}]

结果如图6-7所示.

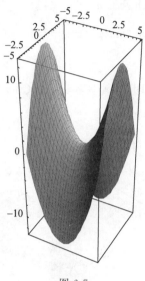

图 6-7

若限制 z 的取值范围, 输入:

ParametricPlot3D[{x, y, (x^2 - y^2)/2}, {x, -5, 5}, {y, -5, 5}, PlotRange->{-5, 5}]

结果如图 6-8 所示.

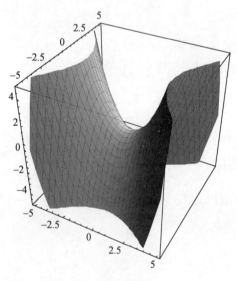

图 6-8

例 7 画部分球面,球面方程为 $\begin{cases} x = \sin v \cos u, \\ y = \sin v \sin u, \\ z = \cos v, \end{cases} u \in [0, 2\pi], v \in [0, \pi].$

解

(1)画出 3/4 球面,限制 u 的范围,输入:

ParametricPlot3D[{Sin[v] * Cos[u], Sin[v] * Sin[u], Cos[v]}, {u, 0, 3 * Pi/2}, {v, 0, Pi}]

结果如图 6-9 所示.

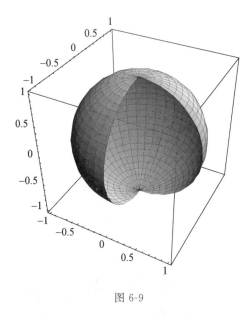

图 6-9

(2)限制 v 的范围,输入:

ParametricPlot3D[{Sin[v] * Cos[u], Sin[v] * Sin[u], Cos[v]}, {u, 0, 2Pi}, {v, Pi/4, Pi}]

结果如图 6-10 所示.

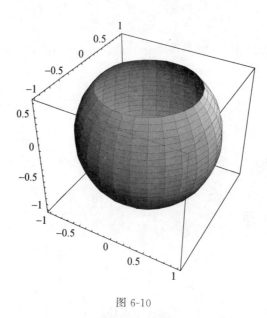

图 6-10

(3) 画上半球面的 3/4 部分,限制 u,v 的取值,输入:

ParametricPlot3D[{Sin[v] * Cos[u], Sin[v] * Sin[u], Cos[v]}, {u, 0, 3Pi/2}, {v, 0, Pi/2}]

结果如图 6-11 所示.

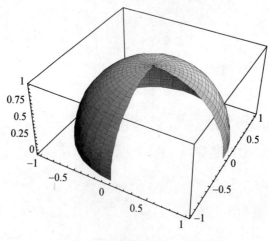

图 6-11

(4)限制 u 与函数 z 的取值,输入:

ParametricPlot3D[{Sin[v] * Cos[u], Sin[v] * Sin[u], Cos[v]}, {u, 0, 3Pi/2}, {v, 0, Pi}, PlotRange−>{{−1, 1}, {−1, 1}, {0, 1}}]

结果如图 6-12 所示.

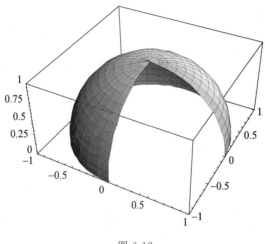

图 6-12

【实验练习】

一、基础实验

1. 画出下列空间曲线的图形:

(1)环面螺线:$\begin{cases} x = (4 + \sin 25t)\cos t, \\ y = (4 + \sin 25t)\sin t, \\ z = \cos 25t; \end{cases}$

(2)三叶线:$\begin{cases} x = (2 + \cos 1.5t)\cos t, \\ y = (2 + \cos 1.5t)\sin t, \\ z = \sin 1.5t. \end{cases}$

2. 画出下列函数的图形,并对两个图形进行比较:

(1)$x^2 + y^2 + z^2 = r^2$;

(2) $\begin{cases} x=r\cos u\sin v, \\ y=r\cos u\cos v, u\in[0,2\pi], v\in[0,\pi](r \text{ 自定}). \\ z=r\sin u, \end{cases}$

3. 画出下列曲面的图形：

(1) $z^2=x^2-y^2$；　　　　　　　　(2) $z=2-x^2-y^2$.

4. 画出下列曲面的图形：

(1) 平面：$\begin{cases} x=au, \\ y=bv, \\ z=-au-bv+d \end{cases}$ (a,b,c,d 为常数，应自设定数值)；

(2) 椭球面：$\begin{cases} x=R_1\cos u\sin v, \\ y=R_2\cos u\cos v, u\in\left(-\dfrac{\pi}{2},\dfrac{\pi}{2}\right), v\in(0,2\pi)(\text{当 } R_1=R_2= \\ z=R_3\sin u, \end{cases}$
R_3 时为球面，R_1,R_2,R_3 自定)；

(3) 椭圆抛物面：$\begin{cases} x=Ru\sin v, \\ y=Ru\cos v, u\in(0,a), v\in(0,2\pi)(R \text{ 自定})； \\ z=Ru^2, \end{cases}$

(4) 双曲抛物面：$\begin{cases} x=u, \\ y=v, \qquad u\in(-4,4), v\in(-4,4)； \\ z=(u^2-v^2)/2.5, \end{cases}$

(5) 抛物柱面：$\begin{cases} x=au^2, \\ y=bu, \ u\in(a_1,a_2), v\in(b_1,b_2)(a,b,a_1,a_2,b_1,b_2 \text{ 自定})； \\ z=v, \end{cases}$

(6) 单叶双曲面：$\begin{cases} x=a\sec u\sin v, \\ y=b\sec u\cos v, u\in\left(-\dfrac{\pi}{4},\dfrac{\pi}{4}\right), v\in(0,2\pi)(a,b,c \text{ 自} \\ z=c\tan u, \end{cases}$
定)；

(7) 旋转曲面：$\begin{cases} x=u^2\cos v, \\ y=u^2\sin v, u\in(-a,a), v\in(0,2\pi)(a \text{ 自定})； \\ z=u, \end{cases}$

(8) 正螺面：$\begin{cases} x=u\cos v, \\ y=u\sin v, u\in(a_1,a_2), v\in(0,2\pi)(R,a_1,b_1 \text{ 自定}). \\ z=Rv, \end{cases}$

二、综合实验

1. 将曲面 $z=x^2+y^2$ 和 $z=1-y^2$ ($|x|\leqslant 1.2, |y|\leqslant 1.2$),观察两个曲面的交线,并证明此交线在 xOy 面上的投影是椭圆.

2. 用 Mathematica 观察二次曲面族 $z=x^2+y^2+kxy$ 的图形. 特别注意确定像 k 这样的一些值,当 k 经过这些值时,曲面从一种类型变成另一种类型.

实验七　多元函数微分法及应用

【实验类型】

验证性.

【实验目的】

(1) 掌握利用 Mathematica 计算多元函数偏导数和全微分的方法.
(2) 掌握计算二元函数极值和条件极值的方法.
(3) 了解曲线拟合问题与最小二乘拟合原理.
(4) 学会观察给定数表的散点图,选择恰当的曲线拟合该数表.

【实验内容】

(1) 使用 Mathematica 掌握多元函数偏导数和全微分的计算方法.
(2) 使用 Mathematica 掌握二元函数极值和条件极值的计算方法.
(3) 使用 Mathematica 掌握曲线拟合问题与最小二乘拟合原理.

【实验原理】

二元函数 $z=f(x,y)$ 的全微分公式为 $dz=\dfrac{\partial z}{\partial x}dx+\dfrac{\partial z}{\partial y}dy$,三元函数 $u=f(x,y,z)$ 的全微分为

$$du=\dfrac{\partial u}{\partial x}dx+\dfrac{\partial u}{\partial y}dy+\dfrac{\partial u}{\partial z}dz.$$

(极值存在的充分条件) 设函数 $z=f(x,y)$ 在点 (x_0,y_0) 的某邻域内连续且有一阶及二阶连续偏导数,又 $f_x(x_0,y_0)=0$, $f_y(x_0,y_0)=0$,令
$$f_{xx}(x_0,y_0)=A, \quad f_{xy}(x_0,y_0)=B, \quad f_{yy}(x_0,y_0)=C,$$
则 $f(x,y)$ 在 (x_0,y_0) 处是否取得极值的条件如下:

(1) $AC-B^2>0$ 时具有极值,且当 $A<0$ 时有极大值,当 $A>0$ 时有极小值;

(2) $AC-B^2<0$ 时没有极值;

(3) $AC-B^2=0$ 时可能有极值,也可能没有极值.

在函数 $f(x,y)$ 的驻点处,如果 $f_{xx} \cdot f_{yy} - f_{xy}^2 > 0$,则函数具有极值,且当 $f_{xx}<0$ 时有极大值,当 $f_{xx}>0$ 时有极小值.

1. 求偏导数的命令 D

命令 D 既可以用于求一元函数的导数,也可以用于求多元函数的偏导数.例如:

求 $f(x,y,z)$ 对 x 的偏导数,则输入 D[f[x,y,z],x];

求 $f(x,y,z)$ 对 y 的偏导数,则输入 D[f[x,y,z],y];

求 $f(x,y,z)$ 对 x 的二阶偏导数,则输入 D[f[x,y,z],{x,2}];

求 $f(x,y,z)$ 对 x,y 的混合偏导数,则输入 D[f[x,y,z],x,y];

··········

2. 求全微分的命令 Dt

该命令只用于求二元函数 $f(x,y,z)$ 的全微分时,其基本格式为 Dt[f[x,y]],其输出的表达式中含有 Dt[x],Dt[y],它们分别表示自变量的微分 dx, dy.若函数 $f(x,y,z)$ 的表达式中还含有其他用字符表示的常数,如 a,则 Dt[f[x,y]] 的输出中还会有 Dt[a],若采用选项 Constants—>{a},就可以得到正确结果,即只要输入:

$$\text{Dt}[f[x,y],\text{Constants}—>\{a\}]$$

3. 求数据的拟合函数的命令 Fit

拟合函数 Fit[ ] 的基本格式为

$$\textbf{Fit[data,funs,vars]}$$

其中,data 是数据,vars 为变量(可以是多个变量),funs 为 $m+1$ 个以 vars 为变量的基底函数.其输出结果是以基底函数(funs)的线性组合形式为拟合函数的最佳拟合函数(最小二乘估计的结果).Fit 命令既可以作曲线拟合,也可以作曲面拟合.这里只讨论曲线拟合问题.

曲线拟合时的数据格式为

$$\{\{x_1,y_1\},\{x_2,y_2\},\cdots,\{x_n,y_n\}\}.$$

下面是作曲线拟合时常用的几种拟合函数的形式：

Fit[data,{1,x},x]用线性函数 $a+bx$ 拟合数据 data；

Fit[data,{1,x,x^2},x]用二次函数 $a+bx+cx^2$ 拟合数据 data；

Fit[data,Table[x^i,Table[x^i,{i,0,n}],x]用 x 的 n 次多项式拟合数据 data.

4. 在 Mathematica 中作曲线拟合的一般步骤

在 Mathematica 中作曲线拟合，可按以下步骤进行：

(1)用 ListPlot[数据]作散点图，观察曲线的分布形状，确定基底函数；

(2)用 Fit[ ]命令求拟合函数；

(3)用 Plot[ ]命令作拟合曲线图；

(4)最后用 Show[ ]命令把散点图与拟合曲线图放在同一坐标系内，观察拟合效果.

【实验使用的 Mathematica 函数】

本实验涉及的 Mathematica 基本命令如表 7-1 所示.

表 7-1

Mathematica 命令	含 义
D[f[x,y,z],x]	求 $f(x,y,z)$ 对 x 的偏导数
D[z,y]	求 z 对 y 的偏导数
D[f[x,y,z],{x,2}]	求 $f(x,y,z)$ 对 x 的二阶偏导数
D[z,{x,2}]	求 z 对 x 的二阶偏导数
D[f[x,y,z],x,y]	求 $f(x,y,z)$ 对 x,y 的混合偏导数
D[z,x,y]	求 z 对 x,y 的混合偏导数
Dt[f[x,y],Constants—>{a}]	求 $f(x,y)$ 的全微分
Dt[z]	求 z 的全微分

续表

Mathematica 命令	含义
Fit[data,funs,vars]	输出结果是以基底函数(funs)的线性组合形式为拟合函数的最佳拟合函数
Fit[data,{1,x},x]	用线性函数 $a+bx$ 拟合数据 data
Fit[data,{1,x,x^2},x]	用二次函数 $a+bx+cx^2$ 拟合数据 data
Fit[data,Table[x^i,Table[x^i,{i,0,n}],x]	用 x 的 n 次多项式拟合数据 data

【实验指导】

1. 求多元函数的偏导数与全微分

例1 设 $z=\sin(xy)+\cos^2(xy)$,求 $\dfrac{\partial z}{\partial x}, \dfrac{\partial z}{\partial y}, \dfrac{\partial^2 z}{\partial x^2}, \dfrac{\partial^2 z}{\partial x \partial y}$.

输入：
Clear[z];
z = Sin[x * y] +Cos[x * y]^2;
D[z,x]
D[z,y]
D[z,{x,2}]
D[z,x,y]
Clear[z];

结果：
(yCos[xy]−2yCos[xy]Sin[xy])(xCos[xy]−2xCos[xy]Sin[xy])
(−2y²Cos[xy]²−y²Sin[xy]+2y²Sin[xy]²)(Cos[xy]−2xyCos[xy]²−xySin[xy]−2Cos[xy]Sin[xy]+2xySin[xy]²)

例2 设 $z=(1+xy)^y$,求 $\dfrac{\partial z}{\partial x}, \dfrac{\partial z}{\partial y}$ 和全微分 dz.

输入：
Clear[z]; z=(1+x * y)^y;
D[z,x]

D[z,y]

结果：

$$y^2(1+xy)^{-1+2y}\left(\frac{xy}{1+xy}+\log[1+xy]\right)$$

再输入：

Dt[z]

结果：

$$(1+xy)^y\left(\frac{y(yDt[x]+xDt[y])}{1+xy}+Dt[y]\log[1+xy]\right)$$

例 3 设 $z=(a+xy)^y$，其中 a 是常数，求 dz.

输入：

Clear[z,a];z=(a+x*y)^y;
wf=Dt[z,Constants->{a}]//Simplify

结果：

$(a+xy)^{-1+y}(y^2Dt[x,constants->\{a\}]+Dt[y,constants->\{a\}](xy+(a+xy)\log[a+xy]))$

其中，Dt[x,Constants->{a}]就是 dx，Dt[y,Constants->{a}]就是 dy. 可以用代换命令"/."把它们换掉.

输入：

wf/.{Dt[x,Constants->{a}]->dx,Dt[y,Constants->{a}]->dy}

结果：

$(a+xy)^{-1+y}(dxy^2+dy(xy+(a+xy)\log[a+xy]))$

例 4 设 $x=e^u+u\sin v, y=e^u-u\cos v$，求 $\frac{\partial u}{\partial x}, \frac{\partial u}{\partial y}, \frac{\partial v}{\partial x}, \frac{\partial v}{\partial y}$.

输入：

eq1=D[x==E^u+u*Sin[v],x,NonConstants->{u,v}];
(*第一个方程两边对 x 求导数，把 u,v 看成 x,y 的函数*)
eq2=D[y==E^u-u*Cos[v],x,NonConstants->{u,v}];
(*第二个方程两边对 x 求导数，把 u,v 看成 x,y 的函数*)
Solve[{eq1,eq2},{D[u,x,NonConstants->{u,v}],
D[v,x,NonConstants->{u,v}]}]//Simplify
(*解求导以后由 eq1,eq2 组成的方程组*)

结果：

$$\{\{D[u,x,Nonconstants->\{u,v\}]->\frac{\sin[v]}{1-e^u\cos[v]+e^u\sin[v]},$$
$$D[v,x,Nonconstants->\{u,v\}]->\frac{e^u-\cos[v]}{-u+e^u u\cos[v]-e^u u\sin[v]}\}\}$$

其中，$D[u,x,NonConstants->\{u,v\}]$ 表示 u 对 x 的偏导数，$D[v,x,NonCosnstants->\{u,v\}]$ 表示 v 对 x 的偏导数. 类似地可求得 u,v 对 y 的偏导数.

2. 多元函数的极值

例 5 求 $f(x,y)=x^3-y^3+3x^2+3y^2-9x$ 的极值.

输入：

Clear[f];
f[x_,y_]=x^3-y^3+3x^2+3y^2-9x;
fx=D[f[x,y],x]
fy=D[f[x,y],y]
critpts=Solve[{fx==0,fy==0}]

则分别输出所求偏导数和驻点：

$(-9+6x+3x^2)(6y-3y^2)$

$\{\{x\to-3,y\to 0\},\{x\to-3,y\to 2\},$
$\{x\to 1,y\to 0\},\{x\to 1,y\to 2\}\}$

再输入求二阶偏导数和定义判别式的命令：

fxx=D[f[x,y],{x,2}];
fyy=D[f[x,y],{y,2}];
fxy=D[f[x,y],x,y];
disc=fxx*fyy-fxy^2

输出为判别式函数 $f_{xx}f_{yy}-f_{xy}^2$ 的形式：

$(6+6x)(6-6y)$

再输入：

data={x,y,fxx,disc,f[x,y]}/.critpts;
TableForm[data,TableHeadings->{None,{"x","y","fxx","disc","f"}}]

最后得到了 4 个驻点处的判别式与 f_{xx} 的值并以表格形式列出.

x	y	fxx	disc	f
−3	0	−12	−72	27
−3	2	−12	72	31
1	0	12	72	−5
1	2	12	−72	−1

易见,当 $x=-3,y=2$ 时 $f_{xx}=-12$,判别式 disc$=72$,函数有极大值 31;

当 $x=1,y=0$ 时 $f_{xx}=12$,判别式 disc$=72$,函数有极小值 −5;

当 $x=-3,y=0$ 和 $x=1,y=2$ 时,判别式 disc$=-72$,函数在这些点没有极值.

最后,把函数的等高线和 4 个极值点用图形表示出来,输入:

d2={x,y}/.critpts;

g4=ListPlot[d2,PlotStyle−>PointSize[0.02],DisplayFunction−>Identity];

g5=ContourPlot[f[x,y],{x,−5,3},{y,−3,5},Contours−>40,PlotPoints−>60,ContourShading−>False,Frame−>False,Axes−>Automatic,AxesOrigin−>{0,0},DisplayFunction−>Identity];

Show[g4,g5,DisplayFunction−>$DisplayFunction]

则输出结果如图 7-1 所示.

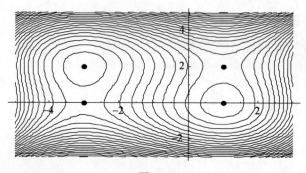

图 7-1

从图 7-1 可见,在两个极值点附近,函数的等高线是封闭的;在非极值点附近,等高线不封闭.这也是从图形上判断极值点的方法.

例 6 求函数 $z=x^2+y^2$ 在条件 $x^2+y^2+x+y-1=0$ 下的极值.

输入:

Clear[f,g,la];

f[x_,y_]=x^2+y^2;

g[x_,y_]=x^2+y^2+x+y-1;
la[x_,y_,r_]=f[x,y]+r*g[x,y];
extpts=Solve[{D[la[x,y,r],x]==0,
D[la[x,y,r],y]==0,D[la[x,y,r],r]==0}]

结果：

$$\left\{\left\{r\to\frac{1}{3}(-3-\sqrt{3}),x\to-\frac{1}{2}-\frac{\sqrt{3}}{2},y\to\frac{1}{2}(-1-\sqrt{3})\right\},\right.$$
$$\left.\left\{r\to\frac{1}{3}(-3+\sqrt{3}),x\to-\frac{1}{2}+\frac{\sqrt{3}}{2},y\to\frac{1}{2}(-1+\sqrt{3})\right\}\right\}$$

再输入：

f[x,y]/.extpts//Simplify

得到两个可能是条件极值的函数值$\{2+\sqrt{3},2-\sqrt{3}\}$,但是否真的取到条件极值呢？可利用等高线作图来判断.

输入：

dian={x,y}/.Table[extpts[[s,j]],{s,1,2},{j,2,3}]
g1=ListPlot[dian,PlotStyle->PointSize[0.03],DisplayFunction->Identity]
 cp1=ContourPlot[f[x,y],{x,-2,2},{y,-2,2},Contours->20,
  PlotPoints->60,ContourShading->False,Frame->False,
  Axes->Automatic,AxesOrigin->{0,0},DisplayFunction->
  Identity];
 cp2=ContourPlot[g[x,y],{x,-2,2},{y,-2,2},PlotPoints->60,
  Contours->{0},ContourShading->False,Frame->False,
  Axes->Automatic,ContourStyle->Dashing[{0.01}],AxesOrigin->
  {0,0},DisplayFunction->Identity];
Show[g1,cp1,cp2,AspectRatio->1,DisplayFunction->$DisplayFunction]

结果：

$$\left\{\left\{-\frac{1}{2}-\frac{\sqrt{3}}{2},\frac{1}{2}(-1-\sqrt{3})\right\},\left\{-\frac{1}{2}+\frac{\sqrt{3}}{2},\frac{1}{2}(-1+\sqrt{3})\right\}\right\}$$

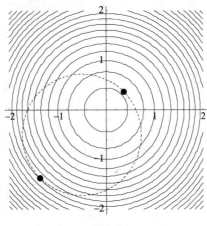

图 7-2

从图 7-2 可见,在极值可疑点

$$\left(-\frac{1}{2}-\frac{\sqrt{3}}{2},-\frac{1}{2}-\frac{\sqrt{3}}{2}\right), \quad \left(-\frac{1}{2}+\frac{\sqrt{3}}{2},-\frac{1}{2}+\frac{\sqrt{3}}{2}\right)$$

处,函数 $z=f(x,y)$ 的等高线与曲线 $g(x,y)=0$(虚线)相切.函数 $z=f(x,y)$ 的等高线是一系列同心圆,由里向外,函数值在增大,在 $x=\frac{1}{2}(-1-\sqrt{3})$,$y=\frac{1}{2}(-1-\sqrt{3})$ 的附近观察,可以得出 $z=f(x,y)$ 取条件极大的结论.在 $x=\frac{1}{2}(-1+\sqrt{3})$,$y=\frac{1}{2}(-1+\sqrt{3})$ 的附近观察,可以得出 $z=f(x,y)$ 取条件极小的结论.

3. 曲线拟合

例 7 为研究某一化学反应过程中温度 x(℃)对产品得率 y(%)的影响,测得数据如表 7-2 所示,试求其拟合曲线.

表 7-2

x	100	110	120	130	140	150	160	170	180	190
y	45	51	54	61	66	70	74	78	85	89

输入点的坐标,作散点图,即输入:
b2={{100,45},{110,51},{120,54},{130,61},{140,66},
　　{150,70},{160,74},{170,78},{180,85},{190,89}};
fp=ListPlot[b2]

则输出题设数据的散点图如图 7-3 所示.

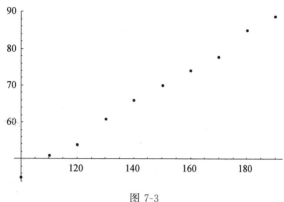

图 7-3

通过观察发现散点基本位于一条直线附近,可用直线拟合.
输入:
Fit[b2,{1,x},x] (* 用 Fit 作拟合,这里是线性拟合 *)
则输出拟合直线:
$-2.73939+0.48303\text{x}$

作图观察拟合效果.
输入:
gp=Plot[%,{x,100,190},PlotStyle->{RGBColor[1,0,0]},
　　DisplayFunction->Identity];(* 作拟合曲线的图形 *)
Show[fp,gp,DisplayFunction->$DisplayFunction] (* 显示数据点与拟合曲线 *)
则输出平面上的点与拟合抛物线的图形如图 7-4 所示.

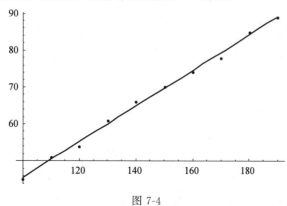

图 7-4

下面的例子说明 Fit 的第二个参数中可以使用复杂的函数,而不限于 1, x, x^2 等.

例 8 使用初等函数的组合进行拟合的例子.

先计算一个数表.

输入:ft=Table[N[1+2Exp[-x/3]],{x,10}]

输出:

{2.43306,2.02683,1.73576,1.52719,1.37775,1.27067,1.19394,1.13897,1.09957,1.07135}

然后用基函数 $1, \sin x, \exp(-x/3), \exp(-x)$ 来作曲线拟合.

输入:Fit[ft,{1,Sin[x],Exp[-x/3],Exp[-x]},x]

输出拟合函数:

$1.0 - 4.44089 \times 10^{-15} e^{-x} + 2.0 e^{-x/3} + 2.22045 \times 10^{-16} \sin[x]$

其中,有些基函数的系数非常小,可将它们删除.

输入:Chop[%]

输出:

$1.0 + 2.0 e^{-x/3}$

实际上,正是用这个函数作的数表.

注意:命令 Chop 的基本格式为

$$\text{Chop}[expr, \delta]$$

其含义是去掉表达式 expr 的系数中绝对值小于 δ 的项, δ 的默认值为 10^{-10}.

【实验练习】

1. 设 $z = e^{\frac{y}{x}}$,求 dz.

2. 设 $z = f(xy, y)$,求 $\dfrac{\partial^2 z}{\partial x^2}, \dfrac{\partial^2 z}{\partial y^2}, \dfrac{\partial^2 z}{\partial x \partial y}$.

3. 设 $g(x, y) = e^{-(x^2+y^2)/8}(\cos^2 x + \sin^2 y)$,求 $\dfrac{\partial z}{\partial x}, \dfrac{\partial z}{\partial y}, \dfrac{\partial^2 z}{\partial x \partial y}$.

4. 试用例 5 的方法求 $f(x, y) = -120x^3 - 30x^4 + 18x^5 + 5x^6 + 30xy^2$ 的极值.

5. 求 $z = x^2 + 4y^3$ 在 $x^2 + 4y^2 - 1 = 0$ 条件下的极值.

6. 求 $z = \sin x + x\cos y$ 的两个一阶偏导数和四个二阶偏导数.

7. 求函数 $z = x^3 + y^3 - xy + 9x - 6y + 20$ 的全微分.

8. 求函数 $z=x^2+y^2-xy+9x-6y+20$ 的极值.

9. 画出函数 $f(x,y,z)=z^2-x^2-y^2$ 的等高线和梯度向量.

10. 求出曲面 $z=2x^2+y^2$ 在点 $(1,1,3)$ 处的切平面和法线方程,并画出图形.

11. 求由坐标原点到曲面 $(x-y)^2-z^2=1$ 的最短距离.

实验八 重 积 分

【实验类型】

验证性.

【实验目的】

(1)会用 Mathematica 计算二重积分.
(2)会用 Mathematica 绘制空间立体的投影区域.

【实验内容】

(1)二重积分的计算.
(2)空间立体的投影区域绘制.

【实验原理】

一、二重积分

计算二重积分时,必须首先将二重积分化为二次积分,即

$$\iint_D f(x,y)\mathrm{d}x\mathrm{d}y = \int_{x_{\min}}^{x_{\max}}\int_{y_{\min}}^{y_{\max}} f(x,y)\mathrm{d}x\mathrm{d}y,$$

然后计算二次积分.

实验八 重 积 分

在极坐标下计算二重积分

$$\begin{cases} x = r\cos\theta, \\ y = r\sin\theta, \end{cases}$$

即

$$\iint\limits_{D} f(x,y)\mathrm{d}x\mathrm{d}y = \iint\limits_{D} f(r\cos\theta, r\sin\theta) r \mathrm{d}r \mathrm{d}\theta.$$

二、空间立体的投影区域绘制

通过直观了解积分区域的投影形状，有助于正确确定积分区域. 那么什么是图形在平面上的投影呢? 曲面 $F(x,y,z)=0$ 在 xOy、yOz、zOx 面上的投影分别是 xOy、yOz、zOx 面上的曲线

$$\begin{cases} F(x,y,z)=0, \\ z=0, \end{cases} \quad \begin{cases} F(x,y,z)=0, \\ x=0, \end{cases} \quad \begin{cases} F(x,y,z)=0, \\ y=0 \end{cases}$$

所围成的平面区域.

用 Mathematica 画图时，只需要将 3 个参数方程中的一个定义为常数. 那么在整个参数变动的过程中，某一个坐标平面上的图形是不变的，这就相当于曲面的投影.

【实验使用的 Mathematica 函数】

本实验涉及的 Mathematica 基本命令如表 8-1 所示.

表 8-1

Mathematica 命令	含 义
Integrate[f[x,y],{x,xmin,xmax},{y,ymin,ymax}]	计算二次积分 $\int_{x_{\min}}^{x_{\max}} \int_{y_{\min}}^{y_{\max}} f(x,y)\mathrm{d}x\mathrm{d}y$
NIntegrate[f[x,y],{x,xmin,xmax},{y,ymin,ymax}]	计算二次积分 $\int_{x_{\min}}^{x_{\max}} \int_{y_{\min}}^{y_{\max}} f(x,y)\mathrm{d}x\mathrm{d}y$ 的数值
ParametricPlot3D[{x[u,v],y[u,v],c},{u,umin,umax},{v,vmin,vmax}]	绘制曲面在 xOy 坐标面上的投影

【实验指导】

一、二重积分

例 1 计算 $\iint\limits_{|x|+|y|\leqslant 1}(x^2+y^2)\mathrm{d}x\mathrm{d}y$.

解 (1)输入积分区域的边界线方程.

y1:=−1−x

y2:=1+x

y3:=−1+x

y4:=1−x

(2)画出积分区域图形.

输入:Plot[{y1,y2,y3,y4},{x,−1,1},PlotStyle −> {RGBColor[1,0,0],RGBColor[0,1,0],RGBColor[0,0,1],RGBColor[1,0,1]}]

结果如图 8-1 所示.

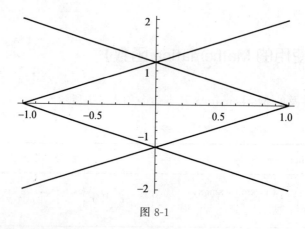

图 8-1

(3)观察积分区域图形,将二重积分化为二次积分

$$\int_{-1}^{0}\int_{y_1}^{y_2}(x^2+y^2)\mathrm{d}x\mathrm{d}y+\int_{0}^{1}\int_{y_3}^{y_4}(x^2+y^2)\mathrm{d}x\mathrm{d}y.$$

(4)计算二次积分.

输入:Integrate[x^2 + y^2,{x,−1,0},{y,y1,y2}] + Integrate[x^2 + y^2, {x,0,1},{y,y3,y4}]

结果:$\dfrac{2}{3}$

例2 计算 $\iint\limits_{x^2+y^2\leqslant 1} e^{-x^2-y^2} dxdy$.

解 (1)化为极坐标.

输入:x=r*Cos[t];
　　　y=r*Sin[t];
　　　z=Exp[-x^2-y^2];
　　　Simplify[z]

得极坐标系下被积函数为

$$e^{-r^2}.$$

(2)化二重积分为极坐标系下的二次积分为

$$\int_0^{2\pi}\int_0^1 e^{-r^2} rdrdt.$$

(3)计算二次积分.

输入:Integrate[Exp[-r^2]*r,{t,0,2 Pi},{r,0,1}]
或 Integrate[Exp[-x^2-y^2]*r/.{x->r*Cos[t],y->r*Sin[t]} // Simplify,{t,0,2 Pi},{r,0,1}]

结果:$\pi-\dfrac{\pi}{e}$

二、空间立体的投影区域绘制

由实验六可知,绘制曲面

$$\begin{cases} x=x(u,v), \\ y=y(u,v), \quad u\in[u_{\min},u_{\max}], \quad v\in[v_{\min},v_{\max}] \\ z=z(u,v), \end{cases}$$

的图形命令为

ParametricPlot3D[{x[u,v],y[u,v],z[u,v]},{u,umin,umax},{v,vmin,vmax}]

绘制曲面在 yOz 坐标面上的投影,将 x 设为常数 a,即

ParametricPlot3D[{a,y[u,v],z[u,v]},{u,umin,umax},{v,vmin,vmax}]

绘制曲面在 zOx 坐标面上的投影,将 y 设为常数 b,即
ParametricPlot3D[{x[u,v],b,z[u,v]},{u,umin,umax},{v,vmin,vmax}]

绘制曲面在 xOy 坐标面上的投影,将 z 设为常数 c,即
ParametricPlot3D[{x[u,v],y[u,v],c},{u,umin,umax},{v,vmin,vmax}]

也可以直接求出曲面在各坐标面上的投影曲线方程,再画图.

例3 画出椭球面 $\dfrac{x^2}{2^2}+y^2+z^2=1$ 在 3 个坐标面上的投影.

解 该椭球面的参数方程为
$$\begin{cases} x=2\sin u\cos v, \\ y=\sin u\sin v, \quad u\in[0,\pi], \quad v\in[0,2\pi]. \\ z=\cos u, \end{cases}$$

(方法一)

(1)画出椭球面的图形.

输入:p = ParametricPlot3D[{2 * Sin[u] * Cos[v],Sin[u] * Sin[v],Cos[u]},{u,0,Pi},{v,0,2 * Pi}];

(2)分别将 x、y、z 定为常数,可以绘制各方向的投影.

输入:px = ParametricPlot3D[{−2,Sin[u] * Sin[v],Cos[u]},{u,0,Pi},{v,0,2 * Pi}];

py = ParametricPlot3D[{2 * Sin[u] * Cos[v],1,Cos[u]},{u,0,Pi},{v,0,2 * Pi}];

pz = ParametricPlot3D[{2 * Sin[u] * Cos[v],Sin[u] * Sin[v],1},{u,0,Pi},{v,0,2 * Pi}];

Show[p,px,py,pz]

得椭球面及其在 3 个坐标面上的投影,如图 8-2 所示.

(方法二)

分别将 $x=0,y=0,z=0$ 代入椭球面方程 $\dfrac{x^2}{2^2}+y^2+z^2=1$,求出椭球面在 yOz 坐标面、zOx 坐标面、xOy 坐标面上投影曲线的方程分别为

$$y^2+z^2=1, 即 \begin{cases} y=\cos v, \\ z=\sin v; \end{cases}$$

$$\dfrac{x^2}{2^2}+z^2=1, 即 \begin{cases} x=2\cos v, \\ z=\sin v; \end{cases}$$

$\dfrac{x^2}{2^2}+y^2=1$，即 $\begin{cases} x=2\cos v, \\ y=\sin v. \end{cases}$

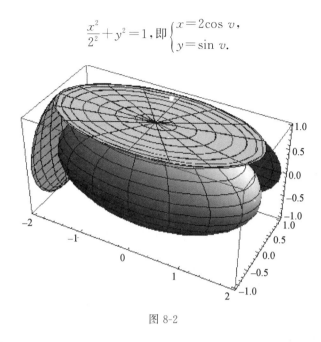

图 8-2

分别作出投影曲线.

输入：px1 = ParametricPlot[{Cos[v],Sin[v]},{v,0,2*Pi},AxesLabel −> {"Y","Z"},AspectRatio −> Automatic]

py1 = ParametricPlot[{2*Cos[v],Sin[v]},{v,0,2*Pi},AxesLabel −> {"X","Z"},AspectRatio −> Automatic]

pz1= ParametricPlot[{2*Cos[v],Sin[v]},{v,0,2*Pi},AxesLabel −> {"X","Y"},AspectRatio −> Automatic]

得在 yOz 坐标面和 zOx 坐标面上的投影，如图 8-3 所示.

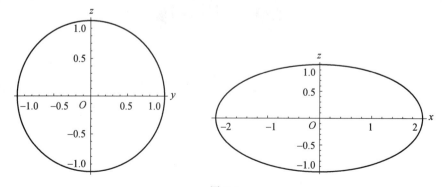

图 8-3

例4 画出双曲面 $x^2+y^2-z^2=1$ 在 3 个坐标面上的投影.

解 该椭球面的参数方程为

$$\begin{cases} x=\text{ch }z\cos\varphi, \\ y=\text{ch }z\sin\varphi, \quad \varphi\in[0,2\pi]. \\ z=\text{sh }z, \end{cases}$$

(方法一)

(1)画出双曲面的图形.

输入：p = ParametricPlot3D[{Cosh[z] * Cos[phi], Cosh[z] * Sin[phi], Sinh[z]}, {z, -2, 2}, {phi, 0, 2 * Pi}];

(2)分别将 x,y,z 取为常数，可以绘制各方向的投影.

输入：px = ParametricPlot3D[{-4, Cosh[z] * Sin[phi], Sinh[z]}, {z, -2, 2}, {phi, 0, 2 * Pi}];

py = ParametricPlot3D[{Cosh[z] * Cos[phi], 4, Sinh[z]}, {z, -2, 2}, {phi, 0, 2 * Pi}];

pz = ParametricPlot3D[{Cosh[z] * Cos[phi], Cosh[z] * Sin[phi], 2}, {z, -2, 2}, {phi, 0, 2 * Pi}];

Show[px, py, pz]

得双曲面在 3 个坐标面上的投影，如图 8-4 所示.

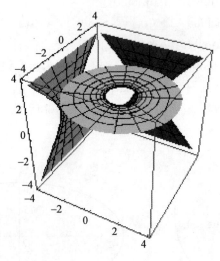

图 8-4

(方法二)

分别将 $x=0,y=0,z=0$ 代入双曲面 $x^2+y^2-z^2=1$,求出椭球面在 yOz 坐标面、zOx 坐标面、xOy 坐标面上投影曲线的方程分别为

$$y^2-z^2=1,\text{即}\begin{cases}y=\pm\text{ch } u,\\ z=\text{sh } u;\end{cases}$$

$$x^2-z^2=1,\text{即}\begin{cases}x=\pm\text{ch } u,\\ z=\text{sh } u;\end{cases}$$

$$x^2+y^2=1,\text{即}\begin{cases}x=\cos u,\\ y=\sin u.\end{cases}$$

用以下命令作出曲面在 yOz 坐标面上的投影:

px1 = ParametricPlot[{Cosh[u],Sinh[u]},{u,-2,2},AxesLabel -> {"Y","Z"}];

px2 = ParametricPlot[{-Cosh[u],Sinh[u]},{u,-2,2},AxesLabel -> {"Y","Z"}];

Show[px1,px2,PlotRange -> {{-4,4},{-2,2}},AxesOrigin -> {0,0}]

投影图形如图 8-5 所示. 用同样的方法可作出在 zOx 坐标面及 xOy 坐标面上的投影.

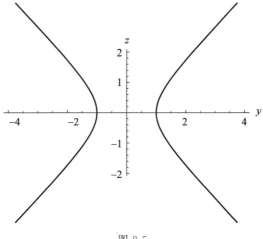

图 8-5

例 5 画出上半球面 $x^2+y^2+z^2=\dfrac{4}{9}$ 与圆锥面 $(z+1)^2=\dfrac{9}{4}(x^2+y^2)$ 的

组合图形在 zOx 坐标面与 xOy 坐标面上的投影.

解 上半球面的参数方程为

$$\begin{cases} x=\dfrac{2}{3}\sin v\cos u, \\ y=\dfrac{2}{3}\sin v\sin u, \quad u\in[0,2\pi], \quad v\in\left[0,\dfrac{\pi}{2}\right]. \\ z=\dfrac{2}{3}\cos v, \end{cases}$$

圆锥面的参数方程为

$$\begin{cases} x=r\sin u, \\ y=r\cos u, \quad u\in[0,2\pi]. \\ z=\dfrac{3}{2}r-1, \end{cases}$$

(1) 先绘出组合图形.

半球:p1 = ParametricPlot3D[{(2/3) * Sin[v] * Cos[u],(2/3) * Sin[v] * Sin[u],(2/3) * Cos[v]},{u,0,2 * Pi},{v,0,Pi/2}];

圆锥:p2 = ParametricPlot3D[{r * Sin[u],r * Cos[u],(3/2) * r − 1},{u,0,2 * Pi},{r,0,2/3}];

同时显示:p3 = Show[p1,p2,PlotRange −> {{−1,1},{−1,1},{−1,1}}];

(2) 画出以上图形在 xOy 坐标面和 zOx 坐标面上的投影.

Pz = ParametricPlot3D[{(2/3) * Sin[v] * Cos[u],(2/3) * Sin[v] * Sin[u],−1},{u,0,2 * Pi},{v,0,Pi/2}];

Py1 = ParametricPlot3D[{(2/3) * Sin[v] * Cos[u],1,(2/3) * Cos[v]},{u,0,2 * Pi},{v,0,Pi/2},DisplayFunction −> Identity];

Py2 = ParametricPlot3D[{r * Sin[u],1,(3/2) * r − 1},{u,0,2 * Pi},{r,0,2/3},DisplayFunction −> Identity];

Py = Show[Py1,Py2,DisplayFunction −> $DisplayFunction];

Show[p3,Pz,Py,ViewPoint −> {2,−1,0},PlotRange−>{{−1,1},{−1.5,1.5},{−1,1}}]

得组合曲面及其在 xOy 坐标面和 zOx 坐标面上的投影,如图 8-6 所示.

上述命令中,DisplayFunction −> Identity 表示不产生图形显示;DisplayFunction −> $DisplayFunction 表示回到图形显示的缺省功能;

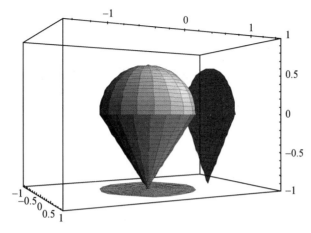

图 8-6

ViewPoint 给出从空间某点观察被画物体时该视点的坐标.

【实验练习】

1. 计算二重积分 $\iint\limits_{D} x\sin y \mathrm{d}x\mathrm{d}y$，其中 $D=\left\{(x,y)\,|\,1\leqslant x\leqslant 2, 0\leqslant y\leqslant \dfrac{\pi}{2}\right\}$.

2. 作图：利用计算机绘出圆柱面 $x^2+y^2=1, -1\leqslant z\leqslant 1$ 的图形及在 3 个坐标面上的投影.

3. 计算三重积分 $\iiint\limits_{\Omega}(x+y+z)\mathrm{d}v$，其中 $\Omega=\{(x,y,z)\,|\,0\leqslant x\leqslant a, 0\leqslant y\leqslant b, 0\leqslant z\leqslant c\}$.

4. 求圆柱面 $x^2+y^2=a^2$ 被平面 $x+z=0, x-z=0 (x>0, y>0)$ 所截部分的曲面的面积.

实验九　曲线积分与曲面积分

【实验类型】

验证性.

【实验目的】

(1) 通过使用 Mathematica 的一些基本功能(主要是计算功能),理解和掌握曲线、曲面积分的相关基本概念及其相应的计算方法.

(2) 会用 Mathematica 计算两类曲线、曲面积分等应用问题.

【实验内容】

(1) 使用 Mathematica 掌握曲线积分的计算方法.
(2) 使用 Mathematica 掌握平面区域面积的计算方法.
(3) 使用 Mathematica 掌握曲面积分的计算方法.

【实验原理】

(1) 一般情况下,计算曲线积分时,首先需要将曲线积分化为定积分,即

$$\int_L f(x,y)\mathrm{d}s = \int_a^b f[x(t),y(t)]\sqrt{x'(t)^2+y'(t)^2}\mathrm{d}t,$$

$$\int_L P(x,y)\mathrm{d}x + Q(x,y)\mathrm{d}y = \int_a^b \{P[x(t),y(t)]x'(t) + Q[x(t),y(t)]y'(t)\}\mathrm{d}t,$$

然后计算定积分.

(2) 格林公式.
$$\int_L P(x,y)dx + Q(x,y)dy = \iint_D \left(\frac{\partial Q}{\partial x} - \frac{\partial P}{\partial y}\right)dxdy.$$

(3) 若平面区域 D 的面积为 A,边界曲线为 L,则有
$$A = \frac{1}{2}\int_L xdy - ydx.$$

(4) 一般情况下,计算面线积分时,首先需要将曲面积分化为重积分,即
$$\iint_\Sigma f(x,y,z)dS = \iint_{D_{xy}} f(x,y,z(x,y))\sqrt{1+\left(\frac{\partial z}{\partial x}\right)^2+\left(\frac{\partial z}{\partial y}\right)^2}dxdy,$$
$$\iint_\Sigma P(x,y,z)dxdy = \pm\iint_{D_{xy}} P(x,y,z(x,y))dxdy,$$
$$\iint_\Sigma Q(x,y,z)dydz = \pm\iint_{D_{xz}} P(x,y(x,z),z)dxdz,$$
$$\iint_\Sigma R(x,y,z)dydz = \pm\iint_{D_{yz}} R(x(y,z),y,z)dydz,$$

然后计算重积分.

(5) 高斯公式.
$$\iint_\Sigma P(x,y,z)dydz + Q(x,y,z)dzdx + R(x,y,z)dxdy = \iiint_\Omega \left(\frac{\partial P}{\partial x}+\frac{\partial Q}{\partial y}+\frac{\partial R}{\partial z}\right)dv.$$

【实验使用的 Mathematica 函数】

本实验涉及的 Mathematica 基本命令如表 9-1 所示.

表 9-1

Mathematica 命令	含 义
D[f(x,y),x]	求 f 对 x 的偏导数
Plot[f,{x,a,b}]	画一元函数的图形
Plot3D[f,{x,a,b},{y,c,d}]	画二元函数的图形
ParametricPlot[{x[t],y[t]},{t,a,b}]	画二维参数方程的图形

续表

Mathematica 命令	含 义
Show[f1,f2,f3]	将图形 f_1,f_2,f_3 组合后重新输出
Integrate[f[x],{x,a,b}]	计算定积分
Integrate[f[x,y],{x,a,b},{y,y1,y2}]	计算二重积分

【实验指导】

例1 计算曲线积分 $I = \int_C \sqrt{x^2+y^2}\,ds$,其中 $C: x^2+y^2 = ax$.

解 设 $C = C_1 + C_2$,其中

$$C_1: \begin{cases} x = 1, \\ y = \sqrt{ax-x^2}. \end{cases}$$

输入:Clear["Global*"]
y[x_]:= Sqrt[a*x-x^2];
dy=D[y[x],x];
ds=Sqrt[1+dy^2];
L1=Integrate[Sqrt[x^2+y[x]^2]*ds,{x,0,a}]

结果:a $\sqrt{a^2}$

$$C_2: \begin{cases} x = 1, \\ y = -\sqrt{ax-x^2}. \end{cases}$$

再次输入:y[x_]:= -Sqrt[a*x-x^2];
dy=D[y[x],x];
ds=Sqrt[1+dy^2];
L2=Integrate[Sqrt[x^2+y[x]^2]*ds,{x,0,a}]

结果:a $\sqrt{a^2}$

最后输入:L=L1+L2

结果:2a $\sqrt{a^2}$

注意:这里使用了 Clear["Global*"]清除前面定义的所有变量和函数.

例 2 计算曲线积分 $\int_C y^2 \mathrm{d}x + x^2 \mathrm{d}y$,其中 C 是上半椭圆 $x = a\cos t, y = b\sin t$,取顺时针方向.

解 首先,取 $a = 3, b = 2$,画出积分曲线.

输入:Clear["Global`*"]

ParametricPlot[{x=3*Cos[t],y=2*Sin[t]},{t,0,Pi},AspectRatio->Automatic]

结果如图 9-1 所示.

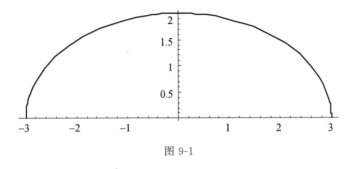

图 9-1

再次输入:x[t_]:=a*Cos[t];

y[t_]:=b*Sin[t];

dx=D[x[t],t];

dy=D[y[t],t];

Integrate[y[t]^2*dx+x[t]^2*dy,{t,Pi,0}]

结果:$\dfrac{4ab^2}{3}$

例 3 计算曲线积分 $\oint_C xy^2 \mathrm{d}y - x^2 y \mathrm{d}x$,其中 C 是圆周 $x^2 + y^2 = a^2$.

解 首先,取 $a = 1$,画出积分曲线.

输入:Clear["Global`*"]

ParametricPlot[{x=Cos[t],y=Sin[t]},{t,0,2Pi},AspectRatio->Automatic]

结果如图 9-2 所示.

再次输入:p[x_,y_]:= -x^2*y;

q[x_,y_]:=x*y^2;

d=D[q[x,y],x]-D[p[x,y],y] /. {x->r*Cos[t],y->r*Sin[t]};

Integrate[d*r,{t,0,2Pi},{r,0,a}]

结果：$\dfrac{a^4\pi}{2}$

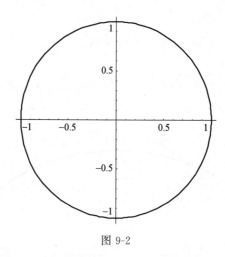

图 9-2

例 4 计算星形线 $x=a\cos^3 t, y=a\sin^3 t$ 所围成图形的面积.

解 首先，取 $a=1$，画出星形线，确定其所围成图形.

输入：Clear["Global`*"]

ParametricPlot[{x=Cos[t]^3,y=Sin[t]^3},{t,0,2Pi},AspectRatio—>Automatic]

结果如图 9-3 所示.

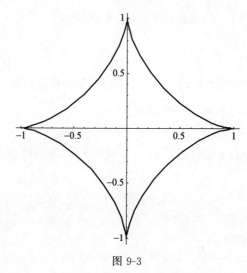

图 9-3

利用公式 $A = \frac{1}{2}\oint_L x\mathrm{d}y - y\mathrm{d}x$,计算图形面积.

输入:x[t_]:=Cos[t]^3;
y[t_]:=Sin[t]^3;
dx=D[x[t],t];
dy=D[y[t],t];
0.5 * Integrate[x[t] * dy - y[t] * dx,{t,0,2 * Pi}]

结果:1.1781

例 5 求曲面积分 $\iint\limits_S \dfrac{\mathrm{d}S}{z}$,其中 S 是球面 $x^2+y^2+z^2=a^2$,被平面 $z=h$($0<h<a$)所截的顶部($z \geqslant h$).

解 首先,取 $a=2, h=1$ 画出曲面,确定投影区域:

输入:Clear["Global * "]
a1 = Plot3D[Sqrt[2^2 - x^2 - y^2],{x, -2, 2},{y, -2, 2},DisplayFunction->Identity];
a2=Plot3D[1,{x,-2,2},{y,-2,2},DisplayFunction->Identity];
Show[a1,a2,AxesLabel->{x,y,z},AspectRatio->Automatic,DisplayFunction->$DisplayFunction]

结果如图 9-4 所示.

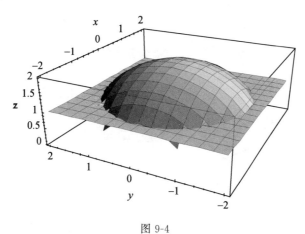

图 9-4

注意:这里使用了 DisplayFunction->Identity 在 Plot 中抑制图形的显示,在 Show 中通过 DisplayFunction->$DisplayFunction 打开显示.

易知,曲面 S 在 xOy 坐标面上的投影区域 D 是 $x^2+y^2 \leqslant a^2-h^2$,根据被

积函数和积分区域的特点,采用极坐标计算曲面积分.

输入:z[x_,y_]:=Sqrt[a^2-x^2-y^2];

d=1/z[x,y]*Sqrt[1+D[z[x,y],x]^2+D[z[x,y],y]^2]/.{x->r*Cos[t],y->r*Sin[t]};

Integrate[d*r,{t,0,2Pi},{r,0,Sqrt[a^2-h^2]}]

结果:$\pi(\sqrt{a^2}\text{Log}[a^2]-\sqrt{\dfrac{a^2}{h^2}}\sqrt{h^2}\text{Log}[h^2])$

例6 计算曲面积分$\iint\limits_{\Sigma}x^2y^2z\mathrm{d}x\mathrm{d}y$,其中$\Sigma$是球面$x^2+y^2+z^2=a^2$的下半部分的下侧.

解 首先,取$a=2$,画出曲面,确定投影区域.

输入:Clear["Global*"]

a1=Plot3D[-Sqrt[2^2-x^2-y^2],{x,-2,2},{y,-2,2},DisplayFunction->Identity];

a2=Plot3D[0,{x,-2,2},{y,-2,2},DisplayFunction->Identity];

Show[a1,a2,AxesLabel->{x,y,z},AspectRatio->Automatic,DisplayFunction->$DisplayFunction]

结果如图9-5所示.

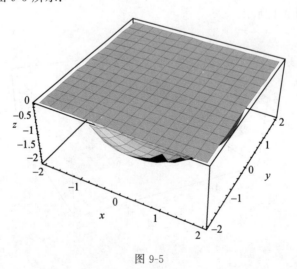

图 9-5

易知,曲面Σ在xOy坐标面上的投影区域D是$x^2+y^2\leqslant a^2$,根据积分区域的特点,宜采用极坐标计算曲面积分,同时Σ为曲面的下侧,所以投影面

$(\Delta S)_{xy} = -(\Delta \sigma)_{xy}$，即
$$\iint_\Sigma P(x,y,z)\mathrm{d}x\mathrm{d}y = -\iint_{D_{xy}} P(x,y,z(x,y))\mathrm{d}x\mathrm{d}y.$$

再次输入：z[x_,y_] := -Sqrt[a^2 - x^2 - y^2];
f = x^2 * y^2 * z[x,y] /. {x -> r * Cos[t], y -> r * Sin[t]}; -Integrate[f * r, {t,0,2Pi}, {r,0,a}]

结果：$\dfrac{2}{105}a^6\sqrt{a^2}\pi$

【实验练习】

1. 计算曲线积分 $\int_C xyz\mathrm{d}s$，其中 C 是 $x=t, y=\dfrac{2}{3}\sqrt{2t^3}, z=\dfrac{1}{2}t^2 (0\leqslant t\leqslant 1)$ 的一段.

2. 计算曲线积分 $\int_C x\mathrm{d}x+y\mathrm{d}y+z\mathrm{d}z$，其中 C 是从 $(1,1,1)$ 到 $(2,3,4)$ 的直线段.

3. 计算 $\iint_S z\mathrm{d}S$，其中 S 为旋转抛物面 $z=x^2+y^2$ 在 $z\leqslant\dfrac{1}{4}$ 的部分.

4. 计算曲面积分 $\iint_S xz^2\mathrm{d}y\mathrm{d}z + (x^2y-z^3)\mathrm{d}z\mathrm{d}x + (2xy+y^2z)\mathrm{d}x\mathrm{d}y$，其中 S 是由 $x^2+y^2\leqslant a^2$ 和 $0\leqslant z\leqslant\sqrt{a^2-(x^2+y^2)}$ 所围图形的表面外侧.

实验十 级 数

【实验类型】

验证性.

【实验目的】

(1)学会用 Mathematica 将函数展开成幂级数或傅里叶级数.
(2)了解函数展开成傅里叶级数的物理意义和应用.

【实验内容】

(1)使用 Mathematica 将函数展开成幂级数.
(2)使用 Mathematica 将函数展开成傅里叶级数,并了解其物理意义.
(3)使用 Mathematica 计算收敛级数的和.
(4)使用 Mathematica 利用级数计算 π.
(5)使用 Mathematica 描绘雪花图形,并了解其特征.

【实验原理】

1. 函数的幂级数展开

如果函数 $f(x)$ 在 x_0 邻域内具有任意阶导数,函数 $f(x)$ 可以展开为 x_0 处的幂级数,即

$$f(x) = \sum_{n=0}^{\infty} a_n (x-x_0)^n = \sum_{n=0}^{\infty} \frac{f^{(n)}(x_0)}{n!} (x-x_0)^n,$$

称之为泰勒级数. 特殊地, 当 $x_0 = 0$ 时, $f(x) = \sum_{n=0}^{\infty} \frac{f^{(n)}(0)}{n!} x^n$ 被称为麦克劳林级数.

2. 函数的傅里叶级数展开

若函数 $f(x)$ 是以 $2T$ 为周期的周期函数, 且它能展开成三角函数, 即
$$f(x) = \frac{a_0}{2} + \sum_{n=1}^{\infty} \left(a_n \cos \frac{n\pi x}{T} + b_n \sin \frac{n\pi x}{T} \right),$$
如果有
$$a_0 = \frac{1}{T} \int_{-T}^{T} f(x) \mathrm{d}x;$$
$$a_n = \frac{1}{T} \int_{-T}^{T} f(x) \cos \frac{n\pi x}{T} \mathrm{d}x, \quad n = 1, 2, \cdots;$$
$$b_n = \frac{1}{T} \int_{-T}^{T} f(x) \sin \frac{n\pi x}{T} \mathrm{d}x, \quad n = 1, 2, \cdots,$$
则上述级数称为 $f(x)$ 的傅里叶级数.

将周期函数展开成傅里叶级数, 其物理意义就是把一个比较复杂的周期运动看成是许多不同频率的简谐振动的叠加. 在电工学上, 这种展开称为谐波分析.

3. 收敛级数的和

若级数 $\sum_{n=1}^{\infty} u_n(x)$ 收敛, 则其和为 $\lim_{k \to \infty} \sum_{n=1}^{k} u_n(x)$.

【实验使用的 Mathematica 函数】

本实验涉及的 Mathematica 基本命令如表 10-1 所示.

表 10-1

Mathematica 命令	含 义
Series[f(x),{x,x0,n}]	将函数 $f(x)$ 在 x_0 处展开为 n 阶带佩亚诺型余项的泰勒级数
Normal[Series[f(x),{x,x0,n}]]	去掉幂级数后面所带的余项

续表

Mathematica 命令	含 义
Sum[un,{n,1,Infinity}]	求 $\sum_{n=1}^{\infty} u_n(x)$ 在收敛域内的和函数
ShowSnow[n,Len]	描绘雪花图形

【实验指导】

例 1 将函数 $f(x)=\mathrm{e}^x$ 展开成四阶的麦克劳林级数.

解 输入:t＝Normal[Series[Exp[x],{x,0,4}]]

结果:$1+x+x^2/2+x^3/6+x^4/24$

例 2 将函数 $f(x)=x^{\frac{1}{3}}$ 展开成 $(x-1)$ 的五阶幂级数.

解 输入:Normal[Series[x^(1/3),{x,1,5}]]

结果:$1+1/3(-1+x)-1/9(-1+x)^2+5/81(-1+x)^3-10/243(-1+x)^4+22/729(-1+x)^5$

Mathematica 没有专门的命令将一个周期函数进行傅里叶级数展开,但可以通过下列程序将一个以 2π 为周期的周期函数展开成有限阶不带任何余项的傅里叶级数.

输入:n = Input["n="];

f[x_] = Input["f[x]="];

L = 1/Pi * Integrate[f[x],{x,−Pi,Pi}]/2;

For[i = 1,i <= n,i++,L = L + (1/Pi) * Integrate[f[x] * Cos[i * x],{x,−Pi,Pi}] * Cos[i * x] + (1/Pi) * Integrate[f[x] * Sin[i * x],{x,−Pi,Pi}] * Sin[i * x]]

注意:输入以上程序后,同时按下 Shift 键和 Enter 键,在弹出的对话框中输入需要的阶数,单击"OK",继续在弹出的窗口中输入需要展开的周期函数,单击"OK"。进一步在命令窗口中输入"L",得到该周期函数的 n 阶不带任何余项的傅里叶级数。

进一步在命令窗口中输入"Plot[L,{{x,−Pi,Pi}}",得到该级数对应的图形。

例 3 设 $f(x)$ 是周期为 2π 的函数,其在 $[-\pi,\pi]$ 上表达式为 $f(x)=x$,将 $f(x)$ 展开成傅里叶级数.

解 利用上述程序,得 1~5 阶傅里叶展开式如下:

2Sin[x]

2Sin[x]－Sin[2x]

2Sin[x]－Sin[2x]＋2/3Sin[3x]

2Sin[x]－Sin[2x]＋2/3Sin[3x]－1/2Sin[4x]

2Sin[x]－Sin[2x]＋2/3Sin[3x]－1/2Sin[4x]＋2/5Sin[5x]

结果如图 10-1 所示.

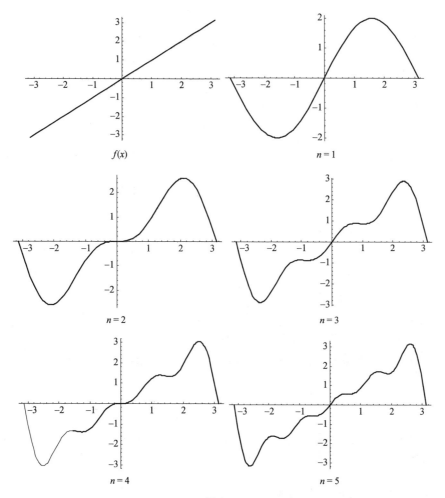

图 10-1

例 4 $\sum_{n=1}^{\infty} \frac{1}{n^2}$.

解 输入:Sum[1/n^2,{n,1,Infinity}]

结果:$\frac{\pi^2}{6}$

例 5 $\sum_{n=1}^{\infty} \frac{x^{2n-1}}{(2n-1)}$.

解 输入:Sum[x^(2n−1)/(2n−1),{n,1,Infinity}]

结果:ArcTanh[x]

π是最常用的数学常数,人们对π的研究已经持续了2 500多年.目前这种探索还在继续.下面通过几个利用级数计算π的实验,使学生感受数学思想和数学方法的发展过程,提高对级数收敛性和收敛速度的认识.

例 6 利用莱布尼茨级数 $\frac{\pi}{4} = \sum_{k=0}^{\infty} \frac{(-1)^k}{2k+1}$,验证 $\pi = 4\sum_{k=0}^{\infty} \frac{(-1)^k}{2k+1}$.

解 现分别通过计算级数的前100,300,500,700,900项来求出π的近似值及误差,观察计算效果.

输入:

Table[{n,N[4∗Sum[(−1)^k/(2k+1),{k,0,n}],18],N[Pi−4∗Sum[(−1)^k/(2k+1),{k,0,n}],18]},{n,100,1000,200}]//TableForm

结果:

100	3.15149340107099058	−0.00990074748119733679
300	3.14491490355885180	−0.00332224996905856074
500	3.14358865958578723	−0.00199600599599399613
700	3.14301918638758471	−0.00142653279779147030
900	3.14270253116142834	−0.00110987757163510378

使用前1 000项大约能精确计算到百分位.

1844年,数学家达什在没有计算机的情况下利用此公式算出π的前200位小数.使用误差估计式

$$r_n = \frac{\pi}{4} - \sum_{k=0}^{\infty} \frac{(-1)^k}{2k+1} \leqslant \frac{1}{2n-1},$$

精确计算π的200位小数需要取级数的多少项?由此可以看出,达什的工作非常艰巨.

例 7 利用麦克劳林级数 $\arctan x = \sum_{k=0}^{\infty} \frac{(-1)^k}{2k+1} x^{2k+1}$,验证 $\frac{\pi}{4} =$

$$\sum_{k=0}^{\infty} \frac{(-1)^k}{2k+1}.$$

解 对麦克劳林级数 $\arctan x = \sum_{k=0}^{\infty} \frac{(-1)^k}{2k+1} x^{2k+1}$，取 $x=1$ 时为 $\sum_{k=0}^{\infty} \frac{(-1)^k}{2k+1}$，即为莱布尼茨级数，直接使用时收敛很慢，必须考虑加速算法.

观察级数可知，$|x|$ 的值越接近 0，级数收敛越快，由此可以考虑令

$$x = \tan \alpha = \frac{1}{5}, \quad \alpha = \arctan \frac{1}{5},$$

那么

$$\tan 2\alpha = \frac{2\tan \alpha}{1-\tan^2 \alpha} = \frac{2x}{1-x^2} = \frac{5}{12}, \quad \tan 4\alpha = \frac{120}{119} \approx 1.$$

因此

$$4\alpha \approx \frac{\pi}{4}, \quad \beta = 4\alpha - \frac{\pi}{4}.$$

$$\tan \beta = \frac{\tan 4\alpha - 1}{1 + \tan 4\alpha} = \frac{1}{239},$$

所以

$$\pi = 16\alpha - 4\beta = 16\arctan \frac{1}{5} - 4\arctan \frac{1}{239}$$

$$= 16 \sum_{k=0}^{\infty} \frac{(-1)^k}{2k+1} \frac{1}{5^{2k+1}} - 4 \sum_{k=0}^{\infty} \frac{(-1)^k}{2k+1} \frac{1}{239^{2k+1}}.$$

现分别通过观察级数的前 5,6,7,8,9,10 项来求出 π 的近似值及误差，观察计算效果.

输入：

arctan[x_,n_]:=Sum[(-1)^k * x^(2k+1)/(2k+1),{k,0,n}]
Table[{n, N[16arctan[1/5, n] − 4arctan[1/239, n], 20], N[Pi − (16arctan[1/5,n]−4arctan[1/239,n]),20]},{n,5,10,1}]//TableForm

结果：

5	3.1415926526153086081	$9.7448463031329263561 \times 10^{-10}$
6	3.1415926536235547620	$-3.3761523532861210541 \times 10^{-11}$
7	3.1415926535886022287	$1.1910098004721227925 \times 10^{-12}$
8	3.1415926535898358475	$-4.2690023057288972182 \times 10^{-14}$
9	3.1415926535897916969	$1.5415453637636593974 \times 10^{-15}$
10	3.1415926535897932947	$-5.6284731474435840659 \times 10^{-17}$

仅取前 5 项的部分和就可以使 π 精确到 9 位小数,取前 10 项就可精确到 16 位小数,由此可见,加速效果非常明显.

分形几何学诞生于 20 世纪 70 年代,分形几何学把大自然中不规则的几何形态,如雪花、花草、树木、云彩等,看作是具有无限嵌套层次的精细结构,并且在不同尺度下保持某种相似的属性,于是在简单的迭代过程就可以得到描述复杂自然形态的简单方法.

先给定一个正三角形,然后在每条边上对称的产生变长为原边长 1/3 的小正三角形,如此类推,在每条凸边上作类似的操作,就能得到雪花图形.

例 8 画出分叉 1~5 次的雪花图形.

解 用以下定义的自定义函数 ShowSnow[n,Len](其中参数 n 表示雪花的分叉次数,参数 Len 表示三角形的初始边长,默认值为 1)可以描绘出雪花图形.

输入:ShowSnow[n_:Integer,Length :1] :=
   Block[{a = {{{0,0},{1,0}},{{1,0},{0.5,Sqrt[3]/2}},{{0.5,
   Sqrt[3]/2},{0,0}}}},Do[a = Flatten[Map[f,a],1],{n}];
   Show[Graphics@(Line /@ a),AspectRatio −> Automatic];];
   f[{{x1_,y1_},{x2_,y2_}}] :=
   Block[{s,t,p},p = (Sqrt[3]Sqrt[(y2 − y1)^2 + (x2 − x1)^2]/6);
   s={{x1,y1},{x1+(x2−x1)/3,y1+(y2−y1)/3},{(x1+
   x2)/2+Sqrt[3](y2−y1)/6,(y1+y2)/2−Sqrt[3](x2−x1)/
   6},{x1+2*(x2−x1)/3,y1+2*(y2−y1)/3},{x2,y2}};
   {{s[[1]],s[[2]]},{s[[2]],s[[3]]},{s[[3]],s[[4]]},
   {s[[4]],s[[5]]}}];

使用时,先输入上述定义模块 ShowSnow 的命令,再调用此模块即可,例如,输入命令

   Do[ShowSnow[i,1],{i,5}];

可画出分叉一次至五次的雪花,如图 10-2 所示.

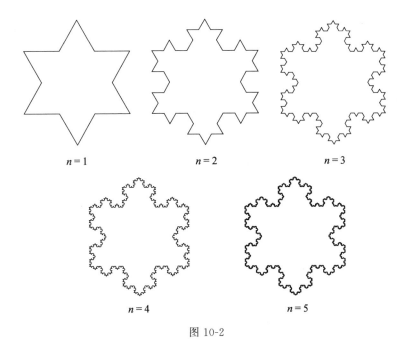

图 10-2

【实验练习】

1. 利用 $\sqrt[3]{1+x}$ 在 $x_0=0$ 处的幂级数展开式,求 $\sqrt[3]{130}$ 的近似值,精确到 0.001.

2. 求定积分 $\int_0^1 \frac{\sin x}{x}$ 的近似值,精确到 0.001.

3. 将函数 $f(x)=x^2-x\left(-\frac{1}{2}\leqslant x\leqslant\frac{1}{2}\right)$ 展开成傅里叶级数,并作出函数 $f(x)$ 与傅里叶级数的函数的图形.

4. 利用级数计算雪花图形的面积,随着分叉的无限增加,它是否趋于一个常数?

5. 选择适当的 x,利用 $\arcsin x$ 的麦克劳林展开式计算 π 的近似值.

6. 研究变量为 n 时,对 e^x 的 n 次泰勒逼近中的误差.

(1) 设 $E_1=e^x-P_1(x)=e^x-(1+x)$,画出 E_1 在 $-0.1\leqslant x\leqslant 0.1$ 上的图

形,利用此图形确认在 $-0.1 \leqslant x \leqslant 0.1$ 上 $|E_1| \leqslant x^2$.

(2) 设 $E_2 = e^x - P_2(x) = e^x - \left(1 + x + \dfrac{x^2}{2}\right)$,画出 E_2 在 $-0.1 \leqslant x \leqslant 0.1$ 上的图形,利用此图形确认在 $-0.1 \leqslant x \leqslant 0.1$ 上 $|E_2| \leqslant x^3$.

(3) 解释 E_1、E_2 的图形为什么会有这样的形状.

附录一　Mathematica 常用语句分类

这里,分类列出 Mathematica 的常用语句,以供查询.

一、代数学

1. 有理函数及多项式

Expand[expr]	展开表达式 expr 中的乘积及乘幂,把结果写成和式
Factor[expr]	把表达式 expr 写成各项合并后的最小乘积,可用于合并同类项或因式分解等
Collect[poly,x]	把一个多变量多项式写成一个求和的形式,其中每项包含了"主变量"x 的不同乘方
Simplify[expr]	对表达式 expr 施行一系列代数运算,得到 expr 的最简形式

2. 产生插值多项式

InterpolationPolynomial[{{x1,y1},{x2,y2},⋯},x]	给出当 x 为整数时,与 y_i 相等的关于 x 的多项式;当 x 连续取自然数 $1,2,3,⋯$ 时,x1, x2, x3, ⋯ 可缺省. 命令形式为 InterpolationPolynomial[{y1,y2,⋯},x]

3. 三角函数的运算

TrigFactor[expr]	把由倍角表示的三角函数表达式化为三角函数的单角表达式
TrigReduce[expr]	把由半角表示的三角函数表达式化为三角函数的倍角表达式
TrigToExp[expr]	把三角函数写成复指数幂的形式

二、线性代数学

1. 矩阵运算

c * M	常数 c 乘矩阵 M
M.v	矩阵乘向量
u.v	向量内积
(Cross[vec1,vec2]	给出三维向量 vec1, vec2 的叉乘)
M.P	矩阵相乘
Inverse[m]	求方阵 m 的逆
Transpose[m]	求矩阵 m 的转置
Det[m]	求方阵 m 的行列式
Sum[m[[i,i]],{I,Length[m]}]	求矩阵的迹
T[[i,j]]	取矩阵 T 的第 i 行第 j 列元素
T[[i]]	取矩阵 T 的第 i 行元素
Map[#[[j]]&,T]	取矩阵 T 的第 j 列元素
M[range[i_1,i_2],Range[j_1,j_2]]	取矩阵 T 的第 i_1 行到第 i_2 行, 第 j_1 列到第 j_2 列的元素
M[[{i_1,i_2,$\cdots$,i_r},{j_1,j_2,$\cdots$,j_s}]]	取出矩阵 M 的行标为 i_1, i_2, $\cdots$, i_r, 列标为 j_1, j_2, $\cdots$, j_s 的子矩阵
Minors[m,k]	求矩阵 m 的所有可能的 k 阶子式
Dimensions[expr]	向量或矩阵的维数列表
MatrixPower[m,n]	求矩阵 m 的 n 次幂
Eigenvalues[m]	求矩阵 m 的特征值
Eigenvectors[m]	求矩阵 m 的特征向量
Eigensystem[m]	求矩阵 m 的特征值和特征向量
QRDecomposition[m]	求数值矩阵 m 的 QR 分解
SchurDecomposition[m]	求数值矩阵 m 的 Schur 分解

2. <<LinearAlgebra Orthogonalization 软件包中的函数

GramSchmidt[vectors]	对向量组 vectors 采用 Gram-Schmidt 方法正交规范化

3. 求解线性方程组

Solve[eqns,vars]	求解方程组 eqns 中的指定变量 vars 的

	一般解
Reduce[eqns,vars]	求解方程组 eqns 中的所有解
LinearSolve[m,b]	求方程组 $m \cdot x = b$ 的解
Nullspace[m]	求方程组 $m \cdot x = 0$ 的基础解系
RowReduce[m]	由初等变换获得 m 的标准形式

三、微积分

1. 极限

Limit[expr,x->x0]	求 x 趋近于 x_0 时表达式 expr 的极限

2. 微分

D[f,x]	求偏导数 $\dfrac{\partial f}{\partial x}$
D[f,x1,x2,…,xn]	求高阶偏导数 $\dfrac{\partial^n f}{\partial x_1 \partial x_2 \cdots \partial x_n}$
D[f,{x,n}]	求函数 f 的 n 阶导数 $\dfrac{d^n f}{dx^n}$
Dt[f]	求全微分 df
Dt[f,x]	求全导数 $\dfrac{df}{dx}$

3. 积分学

Integrate[f,x]	求不定积分 $\int f dx$
Integrate[f,{x,xmin,xmax}]	求定积分 $\int_{x_{min}}^{x_{max}} f dx$
Integrate[f,{x,xmin,xmax},{y,ymin,ymax}]	求二次积分 $\int_{x_{min}}^{x_{max}} dx \int_{y_{min}}^{y_{max}} f dy$

4. 级数展开

Series[expr,{x,x0,n}]	求表达式 expr 在 $x = x_0$ 处的 n 阶展开式
Series[expr,{x,x0,n},{y,y0,n}]	求表达式 expr 先对 y 后对 x 的幂级数展开
Normal[expr]	把幂级数变成一般表达式

5. 解微分方程

DSolve[eqn,y[x],x]	求解微分方程 $y[x]$
DSolve[eqn,y,x]	求解微分方程函数 y
DSolve[eqns,{y1[x],y2[x],……},vars]	求解方程组 eqns

6. <<Calculus`LaplaceTransform` 软件包的函数

LaplaceTransform[expr,t,s]	给出表达式 expr 的拉氏变换
InverseLaplaceTransform[expr,s,t]	给出表达式 expr 的逆拉氏变换

7. <<Calculus`FourierTransform` 软件包的函数

FourierTransform[expr,t,w]	给出表达式 expr 的傅里叶变换
InverseFourierTransform[expr,w,t]	给出表达式 expr 的逆傅里叶变换

四、数值计算

1. 求数值积分、数值和、数值积

NIntegrate[expr,{x,xmin,xmax}]	求表达式 expr 的数值积分的近似值
NSum[f,{i,imin,imax,di}]	求 $\sum_{i=i_{\min}}^{i_{\max}} f$ 的数值近似值,使用步长 d_i
NProduct[f,{i,imin,imax,di}]	求 $\prod_{i=i_{\min}}^{i_{\max}} f$ 数值近似值

2. 多项式方程的数值解

Nroots[poly==0,x]	求多项式方程的近似数值解
Nroots[poly==0,x,n]	求多项式方程精度为 n 的数值解

3. 求方程的数值解

FindRoot[lhs==rhs,{x,x0}]	求方程 lhs=rhs 的数值解,初值为 $x=x_0$
FindRoot[lhs==rhs,{x,{x0,x1}}]	用弦解法求方程 lhs=rhs 的数值解,以 x_0,x_1 作为初值(如果无法求出方程的符号导数,则必须使用本形式)

FindRoot[lhs==rhs,{x,xstar,xmin,xmax}]	求方程 lhs＝rhs 的数值解,从 $x=x_{star}$ 开始,当 x 超出 (x_{min}, x_{max}) 的范围时,就停止查找
NDSolve[eqns,{y1,y2,⋯},{x,xmin,xmax}]	求微分方程组 eqns 中 y_i 的数值解

4. 数值极小化

FindMinimum[f,{x,x0}]	从 $x=x_0$ 开始,求函数 f 的局部最小值
FindMinimum[f,{x,x0},{y,y0},⋯]	求多变量函数的局部最小值

5. 线性规划

ConstrainedMax[f,{inequalities},{x,y,⋯}]	在不定式定义的区域内求函数的最大值
ConstrainedMin[f,{inequalities},{x,y,⋯}]	在不定式定义的区域内求函数的最小值
LinearProgramming[c,m,b]	解线性组合 **c**·**x** 在 **m**·**x**≥**b**, **x**≥**0** 约束下的最小值,**c**,**b** 为向量,**m** 为矩阵.

6. 曲线拟合

Fit[data,fun,vars]	用 fun 所指定的模型,对变量 vars,利用所给定的数据进行最小二乘拟合,常用的模型有 fun＝{1,x},fun＝{1,x,x^2}等. 变量 vars 可根据需要指定为 x,y 等

五、统计学

输入命令<<Statistics Descriotivestatistics 可调入统计学软件包,并使用其中的函数.

Mean[data]	均值
Median[data]	中值

Variance[data]	方差
StandardDeviation[data]	标准偏差
LocationReport[data],DispersionReport[data],ShapeReport[data]	给出表征数据统计分布的参数表

此外，还可调用其他几个统计分析软件包，从 Mathematica 系统的帮助浏览器开始寻找，单击"Help"命令，在打开的帮助浏览器中单击"Add-ons"按钮，在第 1 个列表框中选择"Standard Package"，然后在第 2 个列表框中选择"Statistics"，在第 3 个列表框中选择"DescriptiveStatistics"选项即可获得帮助。

<<Statistics DiscreteDistributions	统计分布的不连续性质
<<Statistics HypothesisTests	在正态分布基础上的假设检验
<<Statistics ConfidenceIntervals	来源于正态分布的置信区间
<<Statistics LinearRegression	线性回归分析

六、图形函数

1. 基本绘画命令

Plot[f,{x,xmin,xmax}]	画出函数 f 在区间 $(x_{\min}, x_{\max})$ 之间的图形
Plot[{f1,f2,…},{x,xmin,xmax}]	画出多个函数 $f_1, f_2, \cdots$ 在区间 $(x_{\min}, x_{\max})$ 之间的图形
Show[f1,f2,…]	显示几个图形 $f_1, f_2, \cdots$

2. 等高线图和密度图

ContourPlot[f,{x,xmin,xmax},{y,ymin,ymax}]	画出二元函数等高线图
DensityPlot[f,{x,xmin,xmax},{y,ymin,ymax}]	画出二元函数密度图

3. 立体曲线图

Plot3D[f,{x,xmin,xmax},{y,ymin,ymax}]	画出 f 的立体图

4. 散点图

ListPlot[{{x1,y1},{x2,y2},⋯}] 画出点$(x_1,y_1),(x_2,y_2),\cdots$

ListPlot3D[{{z11,z12,⋯},{z21,z22,⋯},⋯}] 画出数组 z_{xy} 的三维图形

ListContourPlot[array] 根据高度数组画出等高线

ListDensityPlot[array] 画出密度曲线

5. 参数图

ParametricPlot[{fx,fy},{t,tmin,tmax}] 画参数图

附录二　高等数学实验报告

班级		姓名		学号	
实验题目				评分	
实验目的					
实验内容					
实验方法与步骤（阐述实验的原理、方案、方法及完成实验的具体步骤等，附上自己编写的程序）					
实验总结（包括心得体会）					